從飼養管理
到互動巧思
一本搞定！

南美栗鼠
完全飼養手冊

作者———鈴木理惠

醫療監修———田向健一 田園調布動物醫院院長

攝影———井川俊彥

譯者———童小芳

目次

日本的長壽南美栗鼠們

| Chapter 4 | 南美栗鼠的飲食 | 063 |

Chapter 7　南美栗鼠的健康管理　135

不可不知的南美栗鼠相關資訊　166

我們從很久很久以前就居住在高山上，
一直藏身於坡度陡峭的岩石區生活。
那裡非常乾燥，氣候十分嚴峻，
我們紛紛成群結隊，在彼此的協助下生活。

白天天敵在尋找獵物，所以我們都在睡覺，
悄無聲息，以免被發現。
等夜深人靜、牠們入睡時，我們才出來活動。
開始覓食，或和家人四處奔跑。

我們很重視夥伴和家人，
因此無論如何都不會放棄活下去。
為了守護所愛之物，
不惜與所有難題正面對決。

我們比外表看起來還要強韌，
而且腳程飛快，
飛簷走壁也難不倒，
對自己的運動神經很有自信！

當然，我們也是跳躍高手，
任何地方都爬得上去，
只要決定了目標，不擇手段都會貫徹到底，
這都是為了堅強地存活下去。

我們被帶離群山，來到了這裡，
等到回過神，已經開始和人類一起生活。
有些人很溫柔，但不全是如此，
我們分不清人類究竟是敵人還是夥伴。

希望有人能教教我們，
該如何與人類共處。
我們擁有「思考」能力，
只要教過的事情就絕對不會忘記。

也希望大家能多多了解我們。
我們雖然來自遙遠的國度，
但擁有一顆「愛人」的心，
希望能夠相信你，一起生活到永遠……。

　　這本《南美栗鼠完全飼養手冊》是從2002年2月《The Chinchilla》（日本　誠文堂新光社）出版後，時隔15年才付梓的南美栗鼠飼養書。而且距離開始企劃這本書的2011年已經過了約6個年頭。

　　南美栗鼠（在台灣、香港常被暱稱爲「龍貓」，另外還有絨鼠、毛絲鼠等稱呼）的資訊在國內十分缺乏，現實的情況是：少數幾位小動物專賣店老闆私心熱愛並長期飼育南美栗鼠，透過其經驗的傳授，設法讓南美栗鼠們順利存活至今。儘管規模不大，但就如同兔子或天竺鼠一般，歐美各國都有南美栗鼠的育種集團，每年都會出版好幾本飼育書籍。當然，書中所寫的資訊並不齊全，也有在國內不太適用的飼養方式與非必要的資訊。然而相較於日本，歐美的資訊確實持續在推陳出新，有鑑於此，我志在編寫一本更適合國內現況的南美栗鼠飼養專書——不偏頗於自己的認知，拋開獨斷的想法與偏見，集結海內外的知識與資訊，消化吸收後簡化爲實用的內容。

　　沒有人比我更懂，和心愛的龍貓離別是多麼痛苦的一件事。我有幾隻鍾愛的龍貓因爲現代醫療無法治癒的疾病而離世，但願還有機會與牠們重逢。如果能再次相遇，希望我們能相伴更長久。正因如此，本書的每個章節都讓我斟酌再三、寫作進度十分緩慢，這6年對我來說是苦思不斷的時期，但還是一邊想著「多一天也好，衷心希望每位飼主都能和心愛的龍貓幸福地生活」，抱持著如此心情寫下這些文章。

　　最後我要感謝一下在編寫此書期間，一直耐心等候我完稿的誠文堂新光社三嶋先生、無論何時都溫柔地提供工作協助的前迫小姐、總是營造出歡樂拍攝現場的井川老師、繪製充滿愛的插畫的平田老師，還有在這段漫漫長路中扮演鞭策角色的大野老師，你們眞的是相當優秀的團隊。

　　希望手持本書的每位讀者，都能打從心底覺得：「和龍貓一起生活眞是太幸福了！」

鈴木理惠

Chapter 1

南美栗鼠
豐富的毛色

標準灰

　　這是南美栗鼠棲息於野生環境時的毛色，因此又稱為「天然色」。整體為帶點藍的灰色，腹部則是一片雪白。一般認為是因為南美栗鼠一直居住在岩石區，為了隱身於岩石之中才形成這種毛色。金吉拉兔（Chinchilla rabbit）便是因為毛色和南美栗鼠（Chinchilla）一樣

而以此命名。每根毛呈現灰褐色漸層，具有不同的色帶。顏色的深淺變化豐富，在南美栗鼠展示會上，甚至會由淺（Light）至深（Extra Dark）分類進行審查。如果毛長與密度均勻，表面會呈現漂亮的深灰色，除非嚴重掉毛或毛長參差不齊，毛色看起來才會斑駁不一。

　　即白色底，混了灰色或其他顏色的花樣或斑紋，耳朵為灰色。有時會將身上帶了點灰色的南美栗鼠稱為銀斑（Silver Mosaic / Pied），全身幾乎都是白色的則稱之為銀白（White Mosaic / Pied）。這種毛色在日本大多被稱為Pied，但放眼全世界，則多半稱之為Mosaic，在繁殖時或南美栗鼠展示會等場合，通常被歸類為白色。

白色

　　全身幾乎都是白色，耳朵則為粉紅色。頭、身體與尾巴根部常帶有米色。眼睛為葡萄紫色、褐色或偏黑的顏色，顏色範圍很廣。

粉白色

　　全身雪白，未混雜其他顏色，眼睛和耳朵皆為粉紅色。

米色（肉桂色）

Hetero Beige

Homo Beige

　　全身皆爲淺茶色，腹部一片雪白。耳朵是粉紅色，容易隨著年紀增長而出現花紋。眼睛顏色很多，從接近黑色乃至粉紅色都有。如果父母皆爲米色種，就會生出毛色極淡的寶寶，稱爲 Homo Beige。此外，如果與灰色以外的其他毛色個體交配，很容易受到其他毛色影響，即便同爲米色種，也會因爲光線強弱而帶有不同的光澤。

絲絨黑

　　全身的毛幾乎都是帶有光澤感的黑色，從下巴到腹部則為白色。黑色部位的毛質地有如絲絨一般，比其他任何毛色都要出眾，觸感與光澤都無比美好。為了改善毛的質地或外型，育種家經常運用此種毛色的個體來配種。

黑檀色

　　全身烏黑，色調和絲絨黑個體有點不同。顏色的深淺會受到父母的毛色影響，顏色比較淡的又稱爲Mahogany或charcoal。

紫羅蘭

　　全身皆為藍紫色，腹部呈白色，
耳朵則是淡灰色。顏色深淺會受父母的
毛色或血統影響。與黑檀色個體交配所
生的單色紫羅蘭個體稱為Wrap-around
Violet或Violet Ebony等。單色紫羅蘭
種的毛色較深。

寶石藍

　　近似於灰色種或紫羅蘭種，顏色比灰色種要淡，比紫羅蘭種更偏藍。腹部為白色，耳朵則是淡灰色。就像紫羅蘭種一樣，與黑檀色個體交配所生的單色寶石藍個體被稱為Wrap-around Sapphire或Sapphire Ebony等。

金色

　　乍看之下很像粉白色或白色，但是在光線照射下，頭部與背部皆透著微微的金色。此毛色帶有異於米色種的光澤感。金色種並不是白子，所以彼此之間交配並不會產生致死基因。

古銅色

　　全身皆為深褐色的單一色品種，
耳朵是粉紅色的。全身為淡褐色的個體
又稱為Pastel。

絲絨棕

　　全身皆為深褐色，腹部呈白色，
耳朵則是粉紅色的。為米色種與絲絨黑
色種所生，因此又稱為TOV（Touch of
Velvet）──絲絨米色種，意即毛皮的
米色上多了幾分絲絨光澤。

毛色培育的現況

與日俱增的毛色

如今，南美栗鼠給人毛色多樣的印象，不過野生的南美栗鼠其實只有標準灰色種。經過基因突變或諸多育種家的改良後，才開始出現這麼多種毛色。

而這些品種的命名會因國家、育種團體或育種家個人而異。該以哪一種作爲公認色等，名稱與規定會因育種團體而有所不同，致力於培育新毛色品種的育種家也爲數衆多。

過去爲新毛色命名時，是採用確立該毛色的育種家之名或該地的地名，不過在育種家確立之前就因基因突變等因素而自然存在的品種也很多，但按照規定還是要等到能夠提供

其基因研究或穩定育種歷程記錄後，該毛色才算是正式誕生。比方說，Wilson確立的「Wilson White」、Tower的「Tower Beige」，還有Sullivan所確立的「Sullivan Violet（Afro Violet）」等。毛色的俗稱則會省略育種家的名字。

這些來自各國的資訊一點一滴逐步傳入日本，因此資訊可說是錯綜複雜，有時即便是同一種毛色，名稱也會因國家而異。

比起20年前左右，國內眞的出現愈來愈多種毛色，往後肯定還會有新的毛色陸續登場。未來南美栗鼠的毛色變化眞是令人萬分期待啊！

新顏色登場

　　過去一般認為，南美栗鼠並不像天竺鼠有長毛種與捲毛種等品種，然而這類品種卻在10年前左右紛紛在國外現身。

　　長毛種是1960年代在美國毛皮育種家的研究中，因基因突變而誕生。其後，美國的南美栗鼠育種家Tamara Tucker與Pamela Biggers取得了該品種，經研究發現了新型基因。於2005年確立為新品種，將之命名為「皇家波斯安哥拉南美栗鼠（Royal Perusian Angora）」。

　　此外，捲毛種則是誕生於德國，源自黑色基因，也是因為基因突變而來。後來經美國Chinchillas.com的Laurie Schmelzle之手進口至美國，並且將該品種分派給南美栗鼠的育種家Tamara Tucker與Jim Ritterspach。進口的捲毛南美栗鼠身形都非常纖細，毛很短，且捲毛也不多。他們後來成功以基因學培育出毛較長且捲毛豐密的南美栗鼠，並於2007年將此新品種命名為「Locken」。

　　「皇家波斯安哥拉南美栗鼠」於2005年發表後，便出口至世界各地。如今其育種工作在美國、歐洲、中國等地皆很盛行。想必再過幾年就會成為舉世聞名的品種了吧。時至2016年，大部分毛色皆已登場，但絲絨黑色種與紫羅蘭種等仍被視為稀有毛色，市場上的交易價格居高不下。

　　然而，要維持「皇家波斯安哥拉南美栗鼠」的品質其實困難重重。這是因為，讓「安哥拉南美栗鼠」兩兩交配，的確能生出「安哥拉南美栗鼠」，但是會有體型縮小或毛髮長度縮短的傾向。長毛種南美栗鼠本來就不像長毛種兔子那般有著驚人的長毛，頂多只是摸

▲ Locken
（黑檀色）▶

▲
皇家波斯安哥拉南美栗鼠
（標準灰）▶

起來很舒服的長度且尾毛長度別具特色。因此，在育種過程中，必須以毛量多、體格佳且非安哥拉南美栗鼠的標準灰色種來配種，否則很容易發生毛愈來愈稀疏且變短、身形變得極小等現象。

不過，似乎還是有愈來愈多育種家抱持著「只要毛長，就算是『安哥拉南美栗鼠』」的想法來進行育種作業，導致市面上充斥著大量缺乏「皇家波斯安哥拉南美栗鼠」魅力的「安哥拉南美栗鼠」。

反觀Tamara Tucker，後來又進一步發現了使毛變長的基因，目前正致力於下一代「皇家波斯安哥拉南美栗鼠」的育種作業。

對比於順利亮相並進化的「皇家波斯安哥拉南美栗鼠」，「Locken」的境遇截然不同，直到2016年仍持續苦戰中。因為依存的是黑色基因，要在毛色變化上有所突破實非易事。即使剛出生時是明顯的捲毛，但捲度卻會隨著成長而逐漸消失，這樣的現象層出不窮。此外，一開始就有的「偏纖細身形」的問題遲遲未得到改善。一般預測，要讓這種眾育種家引頸期盼、任誰來看都覺得魅力十足的「Locken（捲毛種）」普及全世界並人盡皆知，應該還要再投注10年的歲月。

而在日本方面，這兩個品種皆已於2011年從Tamara Tucker與Jim Ritterspach直接出口來到筆者身邊。「皇家波斯安哥拉南美栗鼠」與「Locken（捲毛種）」已分別於2015年12月第1屆、2016年12月第2屆的「日本南美栗鼠節」上，首度在日本亮相並廣為宣傳。

皇家波斯安哥拉南美栗鼠（白色）

皇家波斯安哥拉南美栗鼠
（混色）

皇家波斯安哥拉南美栗鼠
（混色）

令人羨慕的
長壽紀錄・日本篇

在日本，
長壽個體日益增加

南美栗鼠的壽命原本就很長，應該可以算是小型草食性動物中格外長壽的了。

儘管如此，由於長年來的飼育方式模稜兩可，因此大家一直都以為長壽的南美栗鼠只佔少數。

日本是近幾年才開始普遍飼養，所以沒遇到長壽的個體也是理所當然的吧。不過現在年逾15歲的南美栗鼠已經變多了。

● 用心打造無壓力環境……

首先要介紹的是於1998年6月開始飼養的南美栗鼠「桃子」。

出生年月日不詳，雖然不知道主人接她回來時已經出生多久，但很明顯不是小嬰兒了，大概出生半年左右。

推算截至2016年12月為止應該是19歲左右，體重為500g上下，是個活潑、溫柔但天不怕地不怕的女孩子。

據說偶爾會顯露出如女王般的氣質，卻又知道擺出可愛姿勢就能得到美味的食物，是很聰明的孩子。

喜歡的食物是櫻桃，對吸塵器或打雷的聲音都不為所動，卻很怕壓扁寶特瓶的聲音。連如廁位置都記得一清二楚，在屋內散步走累了還會自己返回飼

育籠——「小桃子」就是這麼令人放心。

至於長壽的祕訣，每個個體不盡相同，應該仔細觀察並判別適合該鼠的飼育籠環境、飲食生活與運動量，盡可能用心打造一個無壓力的生活環境。

（採訪助理：清家かよ）

● 吃多動多……

接下來要介紹的是2016年9月29日迎來20歲生日的「古拉」。

因為是在飼主的照料下出生的個體，因此年齡是正確的。

他的爸爸媽媽原本也跟他生活在一起，但分別在12～13歲相繼過世。

「古拉」還有一個同時出生的兄弟「古利」，但「古利」已於17歲時離世，所以「古拉」是最長壽的。

體重為580g，是個溫和又我行我

素的男孩子，且不曾生過一場大病。

　　推測「古拉」長壽的祕訣有兩點，其一是飼主對其父母也有所了解，所以容易摸清體質或個性，其二則是20年來幾乎不曾食慾不振，最愛吃牧草。好好吃、好好動並且好好睡，這是非常重要的事情呢！（採訪助理：小田香世）

● 最愛吃提摩西牧草……

　　聽飼主說，是在寵物店了解南美栗鼠並認真聽完說明後，開啟一場命中注定的邂逅，就此把「拉拉」帶回家的。雖然不清楚她的出生年月日，但已經一起生活21個年頭了。

　　對提摩西牧草情有獨鍾，另外還會吃南美栗鼠食品與蔬菜乾，也喜歡新鮮蔬菜，經常會吃。平常盡可能避免讓她食用脂肪成分高的飼料。

　　個性敦厚，沒被她咬過，一聽到呼喚就會回頭，想外出時會啃咬小屋入口處，或是撒嬌要人放她出來。

　　據說養她的期間還有養過另一隻男孩子，遺憾的是已經先走一步了。先前帶一隻土撥鼠回來養時，拉拉曾經出現圓形禿症狀，費心讓牠們分隔開來生活以後便痊癒了。

　　飼主表示：「一起生活這麼久，拉拉已經成了理所當然的存在。她已經到了老婆婆的年紀，所以最近右眼慢慢變白了，不過還是很有活力地在屋內走來走去。」（採訪助理：宇田川みゆき）

　　由衷期盼所有長壽的南美栗鼠往後都活得快樂又長久。

　　還有那些還很年輕的個體，我相信真的能一起生活20年，請務必以永遠活力充沛為目標喔！

獲得金氏世界紀錄認證！
29歲又229天

2002年在日本出版了《The Chinchilla》（誠文堂新光社）的作者Richard C. Goris曾經飼養的南美栗鼠活到了27歲，應該有不少人為這項紀錄感到驚訝不已吧？

最初將野生南美栗鼠帶回美國的Chapman曾疼愛不已的南美栗鼠，也留下了活到23歲的紀錄。

大部分的人都對這兩個案例表示難以置信，覺得怎麼可能這麼長壽。

然而，先不看這些讓人不敢相信的紀錄好了，的確有南美栗鼠被登錄在金氏世界紀錄中（截至2016年12月）。

牠的年齡居然是29歲又229天（1985.2.1～2014.9.18）。

1985年2月1日在德國Christina Anthony照料下誕生的「Radar」，是個米色種的男孩子。

這項金氏世界紀錄對於和南美栗鼠一起生活的人而言，無疑是令人欣喜的消息。我想世界各地的龍貓迷都曾為此感到興奮，肯定也帶給無數飼養小動物的人們莫大的希望。

順帶一提，在金氏世界紀錄裡，史上最長壽的貓是38歲（截至2016年10月），這是一項無比美好的紀錄。狗的話則是29歲又193天（截至2016年10月），不過據說活超過30歲的非正式紀錄不計其數。

以正式紀錄來看，南美栗鼠的長壽紀錄超越了狗。想必龍貓迷們也暗自期待著往後能有超過30歲的鼠兒登場吧！

要飼養南美栗鼠的話，飼主自己也要以長壽為生活的目標呢！

已經活到到將近30歲的Radar。

Chapter 2

迎接南美栗鼠前的
準備

南美栗鼠的魅力

逐漸轉變的形象

在剛開始販售南美栗鼠的數十年前，要在寵物店裡看到牠們很不容易，可說是寶貴至極呢！但當時還只有毛質顯得無精打采的標準灰色種，表情也很貧乏，大部分姿態都差不多——眯著眼睛探頭探腦。

然而，年復一年積極地從國外進口，使得毛色變化愈來愈豐富，每一個品種的個性也變得容易掌握。此外，隨著南美栗鼠的人氣擴展，也有愈來愈多繁殖專家嘗試在日本國內繁殖，開始推出了大量日本國產的南美栗鼠，毛色豐富且不怕人手的南美栗鼠開始問世。當主人往飼育籠內窺探時，南美栗鼠便會靠近並伸手過來，從這樣的姿態應該更容易想像如果把眼前這隻寶貝帶回家，會發展出什麼樣的關係吧。

南美栗鼠去除了過去那種「地藏菩薩」、「摩艾石像」般的形象，開始以表情可愛、動作滑稽而充滿魅力的姿態重新被世人認識。

符合日本人的偏好!?
宛若朝氣蓬勃的卡通人物

南美栗鼠最大的魅力在於，可以比倉鼠還要靈活地運用雙手、能夠如小鳥般跳來跳去，毛摸起來比兔子的毛還要柔軟舒適。最重要的應該是南美栗鼠總是朝氣蓬勃又我行我素，對待任何事物都非常正向積極。

一般都說，相較於歐美人，日本人屬於比較一本正經又容易鑽牛角尖的人種，自然而然傾向於迎接本質相近的動物作為家人。然而，近年來隨著社會的歐美化，日本人的性格也逐漸西化，開始喜歡洋犬或洋貓、南方地區的鳥類或爬蟲類，強烈渴望與稀奇獨特的動物交流。

而南美栗鼠便是能夠回應此種需求、充滿可能性的寵物。這是因為在牠們的字典裡沒有『不可能』這回事，不把失敗視為失敗，一心相信成功，是一種充滿生存能量的動物。

願意為人類改變生活方式的能耐

南美栗鼠是種頭腦極為清晰的草食性動物。學習能力很高，愈是深入與牠們交流，牠們的頭腦就愈靈光。而且事情一旦記住了就不會忘，也因此好事壞事都記得一清二楚。應用所學的能力也很高，十分機靈。

以用餐時間為例，假設在食物盆中放入固定的量，大部分的南美栗鼠每顆固體飼料都只咬一口，剩下一半。卽便食物盆裡還留有剩下來的一半，牠們也不太想吃，因為相信還有下一份更好的食物。就算是沒吃過的點心，牠們也會毫不畏懼地用單手接過來吃吃看，如果不喜歡就丟掉，不過還是相信下一份會更好而再次伸出手。牠們這種永遠追求新鮮又美味之物、絕不妥協的精神，甚至還能讓旁觀者的生活方式都跟著變得積極起來。南美栗鼠就是這般不可思議的動物。

飼養前的考慮事項

迎接時的心理準備

不僅限於南美栗鼠，飼養動物本身就是在培育無可取代的生命。一旦迎回家中，就絕對不能因為覺得照料起來麻煩而不養或丟棄。在迎接動物前，請先好好問問自己，是否能負起責任飼養到最後。

那麼接下來，就針對「飼養動物是怎麼一回事？」來列舉一些具體的項目吧！

1. 備妥動物的住處

挑選、備齊符合動物大小與習性的飼育籠、便盆、小屋、食物盆、飲水器、玩具及其他必備的飼育用品。

每一樣都必須定期清掃、洗淨，以求維持清潔。

此外，設置飼育籠與小屋的地方也要考慮到日照與通風狀況如何，設置之處必須能夠保持對動物而言適當的溫度與濕度。

2. 提供食物與飲用水

根據動物的種類不同，食物也五花八門。希望飼主能事先了解其野生時期的飲食習性，並調查若作為寵物來飼養時該提供什麼樣的食物、是否容易購得等等。

不要在食物盆裡一次放大量的食物，而是分1～2次放入吃得完的適度分量，這麼一來，每次都能夠補充新鮮的食物（做法依動物種類而異）。

每種動物的情況不同，有些食物對某些動物來說吃了會有危險，另外，供給量也會導致肥胖或過瘦。飼主必須負起責任規劃寵物的飲食，準備適當的

量且兼顧營養均衡等層面。

　　此外，要先在乾淨容器中備好飲用水，確保隨時都有新鮮的水可以喝。

3. 規劃適度的運動與能放鬆的休息區

　　大部分的動物在飼養狀態下都會運動量不足，不妨為牠們規劃一個運動的場所與時段。此外，根據每種動物的狀況，飼育籠裡應該也需要添加能使其活動身體的巧思與玩具。

　　打造能讓動物感到安穩的環境也很重要。不妨順應牠們的習性來下功夫，使其可以好好放鬆休息。

　　如果有多隻個體共同生活，有時會打架或造成壓力。最好讓彼此之間保持適當的距離感。

4. 飼主的禮節與責任

　　作為一名不給周遭人帶來困擾的飼主，有一些禮節是必須遵守的。噪音、氣味與掉毛等都是令人不快的，而且動物還會有啃咬等破壞行為，必須時刻留意這些可能帶來的危險。

　　相對地，如果有會危害到寵物的物品、動物或人，飼主必須全力守護牠們免受其害。也要格外小心避免動物逃跑而不知所蹤。

5. 透過日常打理讓寵物保持潔淨

　　日常打理的內容、必要性與頻率應該會依動物種類而異，目的都是為了讓牠們的身體維持乾淨並確保健康。如果嫌麻煩而不加以打理，長期下來身上的毛會結成毛球，皮膚則會變髒而引起

發炎，甚至有可能因受傷而不良於行。

　　這些為了維持健康所做的打理是不可或缺的，定期進行打理不但可以和寵物互動，還能及早發現牠們身體的異常狀況。

6. 預防疾病

　　每一種動物都各有容易感染的疾病。在迎接寵物之前，最好先調查好有哪些容易罹患的疾病。

　　隨著獸醫學的進步，已經能夠逐漸掌握容易感染的疾病及預防的方式。帶回寵物後，不妨去一趟動物醫院，順便做健康檢查，向醫生請教疾病相關問題。

　　此外，事先找好可固定就診的動物醫院也很重要。

不可不知的
飼養基本常識

在此列舉飼養南美栗鼠前必須先了解的事項。

1. 不耐高溫、多濕的夜行性動物

南美栗鼠這種動物對溫度與濕度非常敏感，如果沒有做好適當的管理，身體很容易出狀況。

牠們受不了夏天的高溫與多濕，初夏至初秋時節應該都要藉由空調來進行調節。

此外，由於是夜行性動物，雖然多少會配合飼主的生活模式，但是白天經常都在睡覺，最好不要勉強吵醒、逗弄牠們。

2. 最喜歡運動和搞破壞！

南美栗鼠非常好動，不但運動神經絕佳，個性又不屈不撓、不知疲累為何物……。切忌一直將南美栗鼠關在狹窄的飼育籠中，必須有時間和空間讓牠們運動。

此外，南美栗鼠喜歡玩耍，也很愛搞破壞。因為好奇心旺盛，什麼地方都想跑進去，什麼東西都想把玩，讓南美栗鼠在屋內散步時，視線絕對不能移開喔！電線和家具等也必須加上一些防咬措施。

飼育籠原則上愈大愈好，在一般住家可能有其限制，但至少在構思籠內布局時要兼顧到安全及趣味性，平常不妨放進玩具等供南美栗鼠解悶。

3. 屋內會有鼠毛或鼠砂飛揚

南美栗鼠身上的毛撫摸起來極細密又柔軟，且外觀充滿光澤，實在令人陶醉不已。除此之外，每個毛孔都會長出多達100根左右的毛，密實地覆滿南美栗鼠的身體。

這些細柔的毛只要一脫落，就會隨處飛揚，必須勤奮地打掃四周環境才行。

另外，為了維持南美栗鼠美好健康的毛皮，「砂浴」對牠們而言是不可欠缺的。牠們可以透過砂浴去除身上多餘的油脂與髒汙，讓毛髮之間通風，保持毛與皮膚的清潔。因為使用的是非常細緻的鼠砂，所以容易塵砂飛揚，或許會需要空氣清淨機等設備。

4. 尋找醫院大不易！

雖然現在隨處都可以看到動物醫院，但是要找到能為南美栗鼠看診的好

醫院應該不是一件易事。即便對貓狗的診斷精確，也不代表能為南美栗鼠看診。請不要因為離家近而有所妥協。在迎接南美栗鼠之前，最好先盡可能地尋找有在積極為牠們看診的動物醫院。

找不到時，可以試著與購買南美栗鼠的商店洽談，或是善用網路等管道取得資訊，如果無論如何都遍尋不著，則不妨向替兔子看診的醫生洽詢看看。

5. 大家知道南美栗鼠的壽命嗎？

曾經養過倉鼠的人，下一次要再飼養寵物的話，可能都會有「這次養個壽命稍微長一點的動物吧……」的想法，於是就決定飼養南美栗鼠——這樣的事情我時有耳聞。

據說倉鼠的平均壽命為1～2歲，能活3～4歲就算長壽，而南美栗鼠的壽命則平均為10～15歲，可見牠們是相當長壽的動物。

6. 花錢費時又耗力

除了一開始得購買一整套飼育工具，從食物與消耗品的費用，乃至空調、保暖措施等電費，都需要花錢。以寵物來說，南美栗鼠的知名度不如貓狗、倉鼠或兔子，因此專用食品的需求量較少，單價或許會稍高一些。動物醫院的花費（即便沒有生病也要接受健康檢查）也絕對不便宜，而且能為牠們看診的動物醫院大多都不在附近，有時可能要出趟遠門。

不光是金錢方面，飼養南美栗鼠在照顧方面也很費時費力。尤其牠們是很怕寂寞的動物，如果飼主忙碌而無暇顧及，久而久之健康就會亮起紅燈——這樣的狀況並不少見。

在考慮飼養南美栗鼠時，請先好好衡量自己現在的生活是否有此「餘裕」。

15年

從邂逅到挑選方式

南美栗鼠的取得方式

　　說到購買南美栗鼠的管道，有綜合寵物商店、小動物專賣店、南美栗鼠專賣店與育種單位等。

　　另外還有一些飼主並非透過販售動物的店家，而是經朋友或熟人轉讓，或者從非熟人的認養募集網站等處取得南美栗鼠。

　　寵物商店中除了販售貓狗以外，還經手其他各式各樣的動物，有些只是為了湊齊品項而設置南美栗鼠專區，甚至店員對南美栗鼠都一知半解，在不適當的環境中培育牠們。

　　比如高溫、多溼或不衛生的環境等，或是沒餵食牧草、提供不適當的飲食、相處方式粗暴……等等。

　　在這種環境下成長的南美栗鼠，身心狀況都會出問題。帶回家以後，飼主可能會為其飲食所苦或因容易生病等問題而勞心勞力。

　　此外，進行動物買賣時，寵物商店有義務針對該動物的生態及個體本身的狀態做說明。最好避免在無法說明的商店購買。

請先自己做功課

　　飼主必須事先學習南美栗鼠的相關知識。

　　仔細檢視店內環境的同時，不妨試著向店員提出各種問題。如果得到的

答案與認知有所出入，那麼該店所培育的南美栗鼠說不定也會有問題。

　　請先自己做好功課，迎接在適當環境下成長的南美栗鼠回家吧！

　　目前市面上的南美栗鼠數量還不多，有些地區光是要找到販售南美栗鼠的店家可能就是一件苦差事。

　　當然，有時可能附近的店裡剛好只有1隻，或是在偶然逛逛的店裡邂逅了南美栗鼠，在這種情況下建議還是不要衝動購買，最好再擴大搜尋範圍，多花些時間評估看看。

　　即使尋找範圍拉得比較遠也沒關係，畢竟是一隻要長久相處的寵物，希望大家盡可能地持續尋找，直到邂逅健康、漂亮且彼此契合的南美栗鼠為止。

健康個體的挑選方式

首先，不妨觀察看看南美栗鼠最顯眼的特徵：毛的質感。濕濕黏黏的，或是有局部的結塊都不行，觸感乾爽蓬鬆才是南美栗鼠的本色。

此外，試著觸摸看看，確認身上的肉是否硬實，四肢能否確實支撐身體站立起來。

如果是健康的南美栗鼠，眼睛會閃耀著光芒，好動且活力充沛地跑來跑去。不過牠們在想睡覺的時候也會像動力全失般一動也不動。

要是去了幾次店裡，南美栗鼠都一副昏昏欲睡、狀態恍惚的樣子，不妨詢問店員牠們何時起床活動，試著改變探訪的時間。

此外，或許可藉著觸摸或抱起來讓南美栗鼠清醒，有時移至其他地方也會醒神。請務必要求店家允許觀察牠們起身活動的模樣。

不僅如此，還要確認尾巴周圍是否有髒汙。如果有好幾隻，可以比較其糞便，糞便又大又硬的個體為佳。如果只有1隻就無從比較了，但也可以事先查詢正常的南美栗鼠糞便狀態為何，再到現場去進行確認。

偶爾會遇到耳朵或尾巴有裂痕的個體。可能是被父母或兄弟姊妹啃咬的，或是在進口移動的途中受傷。

然而，如果是最近的傷口，很可能是因為多隻個體擠在狹窄的飼養籠中，感受壓力而互相傷害造成的，要格外留意這類傷痕。

除了在店裡購買南美栗鼠之外，應該也有人是從朋友、熟人或網路上認識的人那裡領養牠們的吧。

儘管可以免費取得，仍需依照前面所述仔細與原飼主洽談，確認南美栗鼠之前的成長環境以及健康狀態。切勿敷衍了事或輕易妥協。

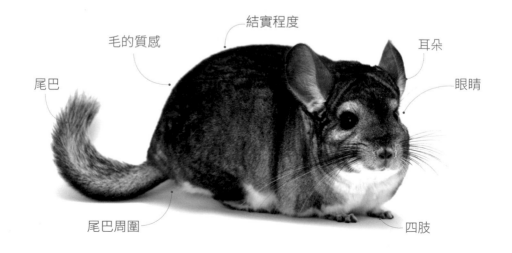

結實程度

毛的質感

耳朵

尾巴

眼睛

尾巴周圍

四肢

該飼養多大的南美栗鼠？

　　一般認為南美栗鼠是在出生1個半月後離乳，所以大約會從那個時候開始陳列在店裡販售。此時的牠們正處於所謂的嬰兒期，不僅小巧可愛，也是剛開始認人的階段，因此只要好好地與牠們接觸，會非常親近飼主。然而，在此之前是否有從母親那裡獲得充分的哺乳會因個體或環境而異，況且由母體至幼體的抗體轉移期間會持續到4個月大，假如在這個時期把南美栗鼠寶寶帶回人類家中，經常都會使牠們突然生病。照顧如此幼小的寶寶，對新手而言並不是一件容易的事，為了南美栗鼠的身心健康著想，還是希望前2～3個月能讓牠們和母親一起度過。

　　南美栗鼠在出生後4個月至1年左右會進入兒童時期，也可以說是「青少年期（Young）」。可以想像大小、體型等，將來的體態和個性等也會逐漸彰顯。由於已經過了免疫轉移的時期，建議在這個時期接回人類家中。

　　此外，即便到了1、2歲，只要牠們和先前負責照顧的人建立適當的相處方式，反而會對人類非常熟悉，應該也會很親近飼主，能夠快速適應新環境。因為性格與身體皆已發育完成，大多會保有在店裡觀察並感受到的個性，迎接回家以後應該也能一如往常地生活，狀況十分穩定。

　　想要買到狀態極佳的南美栗鼠，最快的捷徑便如同前面所述，先充分學會南美栗鼠的相關知識，再來尋找以適當飼養方式培育南美栗鼠的店家。

出生後約1個半月時，還是很黏媽媽。

飼養公的好，還是母的好？

比起其他小型草食性動物，南美栗鼠的兩性差異應該算少的。

然而，雄性有守護群體的本能，圈定勢力範圍的意識強烈，因此心思容易不集中。

雌性則是出於母性的本能，自我防衛意識較為強烈，只要感覺到自己似乎即將遭受不喜之事，偶爾會以噴尿進行攻擊。

此外，根據南美栗鼠與生俱來的特質，在適應環境上應該也會有時間差。不過只要體貼入微並深情地與之相處，無論是什麼樣的個體最後一定都會習慣的，只不過是快慢之差罷了。

其他小型草食性動物的雌性個體如果沒有進行絕育手術，很容易罹患致命的子宮癌等疾病，不過一般來說，南美栗鼠很少罹癌。

往後如果超過25歲的南美栗鼠日益增加，或許會出現「過了20歲就容易出現子宮疾病」等推測，不過現階段令雌性致命的子宮疾病很少發生在牠們身上，因此雄雌在壽命上並無差別。

也要考量每個月的支出

相較於兔子或天竺鼠，南美栗鼠的食量很小，只要能判別其食量，便能避免浪費。也因為消耗量少，希望飼主能盡可能嚴選較優質的飲食，這裡是以品質較佳的食物、牧草與鼠砂來概算1個月所需的費用。

精選的飼料1～2個月2000日圓，鼠砂1個月1000～1500日圓，如果買500g包裝、700多日圓的牧草，一個月要買2次，大約是1500日圓。

含括補充食品與清掃用品等，1個月應該要花5000～10000日圓上下。

飼養南美栗鼠的話，不光是夏天，一年到頭都需要使用空調，必須花費不少的電費，對於這一點最好事先有所覺悟。

此外，飼養任何動物都一樣，少不了上動物醫院這筆費用。此項支出只需飼主從平日開始存錢備用即可負擔。

飼養費用也要做規劃唷！

可以和其他動物同住嗎？

即便是會對同類反應過度的南美栗鼠，也不太會毫無理由地攻擊其他種類的動物。絕大多數的南美栗鼠應該都對其他動物不感興趣，在牠們身上幾乎感受不到其他小型草食性動物那種「看到其他動物一律視為敵人」之類的氣息。

儘管如此，猛禽類、狐狸、屬於鼬屬的雪貂等，都是南美栗鼠野生時的天敵，還是不得不防。猛禽類光是待著不動就會散發出獨特的氛圍，而且還會目不轉睛地盯著南美栗鼠看，這有時會讓南美栗鼠在不知不覺中不斷累積壓力。而雪貂則可能稍有不備就對南美栗鼠伸出魔爪。如果是管教有方的貓狗，通常不會直接襲擊南美栗鼠，倒是會像嬉戲般耍鬧牠們，但如果爪子或牙齒用力過猛，也可能使牠們身受重傷。此外，南美栗鼠一旦感受到自己「遭到攻擊了」，態度就會劇變，對眼前的對象變得異常敏感，也會甩動尾巴進行威嚇，看起來十分激動，有些情況下還會特意從背後進攻、咬住對方。只要認定是「安全的對象」就完全不放在心上，一旦意識到是「危險的對象」則會執拗地警戒，這或許是因為南美栗鼠的頭腦非常清晰，一旦輸入了特定訊息，反應就會相當明確。飼主無法照看時，絕對要避免放任不同動物共處一室。

我是金吉拉

我才是正宗金吉拉（※）

冷顫

※南美栗鼠的英文名稱為「Chinchilla」，金吉拉貓則因毛色和外型和牠們相似而命名為「Chinchilla Cat」。

Chapter 3

打造南美栗鼠的
住處

一起來打點南美栗鼠的家！

打造住處時的注意事項

將南美栗鼠帶回家之前，要先準備好適合牠們的飼育用品。

最好盡可能使用南美栗鼠專用的產品比較好。

□以安全素材製成

南美栗鼠就是愛啃咬，會用靈活的前腳拿取東西，轉眼便放入口中，而且還老是往上攀爬。最好挑選直接接觸也很安全的素材，或是在結構上無危險性的產品。

□堅固而不易破壞

南美栗鼠相當頑皮，而且經常亂咬東西，有時不只東西毀壞，甚至會造成危險，所以最好選擇堅固、不易被破壞的產品。

□容易清掃

衛生是健康的首要祕訣，籠內最好勤加打掃。此外，飼育用品是會直接接觸身體的東西，因此潔淨程度也很重要，選擇方便清洗與打掃的產品為佳。

□符合習性與行動的構造

比起其他小型草食性動物，南美栗鼠是跳躍力較佳的動物，請為牠們選擇可以縱橫移動自如的飼育籠。不妨設置小動物專用的踏板，將能更有效地活用空間。

也許有人會有「希望在屋內放養南美栗鼠，不特別準備飼育籠」的想法，但是南美栗鼠好奇心非常旺盛，無法預料會趁飼主不注意的空檔或不在家時引發什麼樣的事故，所以放養雖並非不可能，但為了安全考量，還是準備飼育籠作為牠們的住處為宜。

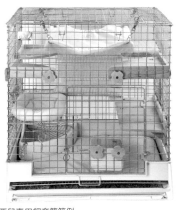

南美栗鼠專用飼育籠範例
COMFORT 60 High-roof 款 (Royal Chinchilla)
W60×D45×H68cm

住處的必備要素

準備用品清單

- ☐ 飼育籠
- ☐ 踏板、閣樓、小屋、吊床
- ☐ 墊材
- ☐ 食物盆、牧草盒、飲水器
- ☐ 如廁用具
- ☐ 砂浴容器、鼠砂
- ☐ 外帶提箱
- ☐ 溫溼度計
- ☐ 體重計
- ☐ 溫度調節產品
- ☐ 玩具
- ☐ 清掃用具

住處重點

- ☐ 安全
- ☐ 堅固
- ☐ 方便清掃
- ☐ 符合其習性
- ☐ 方便好用

「啃咬」習性與飼育用品

　　小型草食性動物最喜歡啃咬東西，而南美栗鼠最大的問題在於，不但會啃咬而且還吃下肚。

　　雖然極其少見，但也是有完全不會啃咬的個體。飼主最好仔細判別自己所飼養的南美栗鼠有無啃咬癖好、到什麼樣程度，或是事先到預計購買的商店勘查並備齊所需用品為宜。

　　最近市面上有販售許多硬度比陶器或塑膠更高的美耐皿製品與強化塑膠用品，適合南美栗鼠的商品也愈來愈多了。

閣樓、床等

飼育籠

食物盆等

玩具

其他用品

一起來挑選飼育籠！

飼育籠選擇要點

飼育籠必須具備一定的寬度與高度，才能讓南美栗鼠順暢無礙地四處活動。在日本，一般推薦的南美栗鼠飼育籠是以長60〜80cm、寬45〜60cm、高60〜100cm左右的尺寸為基準。

不妨根據個體的年齡、個性與活動能力等條件，來考慮飼育籠的大小。

剛帶回家的幼齡南美栗鼠，如果在適應環境之前待在過大的飼育籠中，有時會感到不安穩。

此外，清掃的方便性也很重要，必須勤於清理飼育籠的底部才行。

有些飼育籠的款式，必須將籠子上方部分整個拆離底部，才能取出鋪在下面的底網，光是要取出底網就得大費周章，因此也有人在設置飼育籠時乾脆不鋪設底網，直接使用。能從飼育籠拉出底部托盤或底網的款式，應該會比較方便清掃。

正門的寬度與安裝位置，也會依各種飼育籠款式而異。南美栗鼠的飼育籠內會設置大量用具，因此正門寬度愈寬愈好。最好選擇門能夠確實緊閉的產品，以免南美栗鼠逃出籠外。此外，請檢查金屬絲網的間隔，如果太寬也很容易使牠們逃脫。

不建議一開始就使用非小動物專用的飼育籠。

國外有時並沒有固定的飼育籠尺寸或樣式。

瑞士	2×2m
美國	1.5×1.5×2m（推薦）　等

COMFORT 60＋COMFORT 60專用加高組件（川井）
W62×D47×H86cm

EASY HOME 80 Low-mesh款（三晃商會）
W81×D50.5×H66cm

COMFORT 80（川井）
W77×D55×H62cm

EASY HOME High-mesh款（三晃商會）
W62×D50.5×H78cm

EASY HOME 80 High款（三晃商會）
W81×D50.5×H84cm

一起來挑選飼養用品！

踏板、閣樓

　　不妨在飼育籠中設置幾個踏板與閣樓，好讓南美栗鼠在籠中四處活動，或是作為休憩場所。

　　有金屬與木製等材質。形狀還分成網狀、板狀、棧板、隧道、布製吊床等，種類相當多。

　　如果侷限於單一類型的產品，會對足部同一個部位造成負擔，因此最好放入各式各樣材質與形狀各異的產品。還有個不錯的方式，是將稻草編製的坐墊綁在板狀踏板上，可帶給足部不同的觸感。

　　此外，南美栗鼠有時會躺在踏板上，所以建議挑選寬度合乎其體型的踏板，排除偏小的產品。

小屋

　　不妨放個小屋進去，好讓南美栗鼠藏身、玩樂，或是冷的時候可以進去取暖。為了長久使用，建議選擇陶瓷製品。請挑選能夠讓南美栗鼠鑽進去放鬆休息的大小。如果是平屋頂的款式，屋頂上也可以充當休息區。

墊材

　　在飼育籠的底部或底網上鋪設墊材，比較不傷足部，可以使南美栗鼠更舒適地生活。有樹脂製品、提摩西牧草編製品，最近還有以高機能布料製成的產品，不但吸水性佳，還可輕鬆去除沾附的毛。

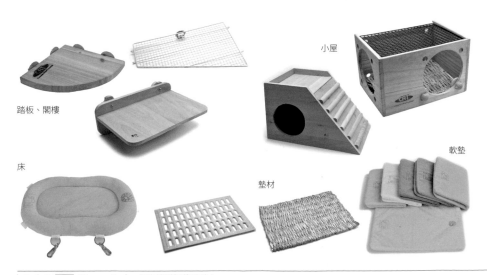

踏板、閣樓

床

小屋

墊材

軟墊

食物盆

如果南美栗鼠有辦法挪動，可能會打翻，請選用有一定重量或可固定式設計的產品。

此外，最好尋找家中南美栗鼠不會啃咬的材質。有些南美栗鼠會啃咬不鏽鋼製的食物盆，有些則會啃咬塑膠製品。強化塑膠製、陶瓷製或美耐皿製的食物盆比較不容易被咬。

牧草盒

最好選擇這樣的產品：可固定在飼育籠上讓南美栗鼠輕鬆取出牧草、方便補充牧草、牧草不易弄髒，且不會被咬壞的品項。

飲水器

請選擇瓶身設置在飼育籠外側，僅吸嘴伸入內側的飲水器。即便是安裝在外側，如果離飼育籠太近，還是有可能被咬壞。這種情況下，可在瓶身外加上覆蓋物，或是中間夾鋁板。瓶身以玻璃製品為佳，吸嘴最好選擇不鏽鋼製品，容量以200ml以上較為理想。

強化塑膠製
食物盆

陶瓷製食物盆

牧草盒

飲水器

如廁容器

記不清便盆位置的南美栗鼠並不在少數，不過也有些南美栗鼠可以精確牢記。不妨試著將便盆設置於牠們經常大小便的地方，這樣的安排或許會讓牠們比較願意在該處上廁所。

請將便盆設置在飼育籠的角落。推薦不易挪動且難以啃咬的陶瓷製品。如果是不會啃咬塑膠製品的南美栗鼠，選用固定式塑膠製品應該也不錯。最近還出現了美耐皿製的便盆，硬度比塑膠硬，也比陶瓷製產品方便使用。

可以的話，不妨在便盆上鋪設金屬網踏板。這是因為南美栗鼠的腳四周有很多毛，尿尿時會噴濺因而弄髒後腳附近的毛。

然而，現在市面上販售的都是兔子專用的產品，所以金屬網的寬度對南美栗鼠而言有點太寬，可以想見腳會不小心踩進網子中間。設置好以後，請密切觀察使用狀況一段時間。

此外，如果踏板是塑膠製品，南美栗鼠可能會去啃咬。假如有此疑慮，不妨金屬網或踏板都不裝，直接在便盆底部鋪放木屑等即可。

塑膠製品等較輕的便盆如果沒有固定在飼育籠上，南美栗鼠可能會隨意移動它。不過，有時候牠們也會故意破壞用來固定的零件，所以最好選擇可固定且設置好後南美栗鼠摸不著固定零件的便盆。

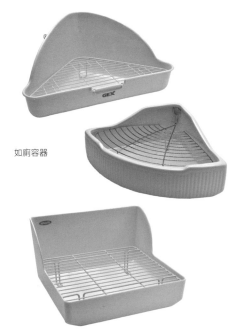

如廁容器

就算記不住便盆位置也要原諒我喔！

砂浴容器

對於每天都想進行至少1次砂浴的南美栗鼠而言,這是很重要的飼育準備功課。準備各種南美栗鼠飼育用具時,別忘了購入砂浴容器與鼠砂喔!

選擇砂浴容器要考量到南美栗鼠的體型,不能過小,且必須是安全的材質與形狀。

如今,市面上已有販售南美栗鼠專用的砂浴容器,即便不是專用容器,亦可使用食物保存容器或釀造果實酒用的保存瓶。

如果是愛啃咬的個體,最好避免使用塑膠材質的產品。

釀造果實酒所用的保存瓶是玻璃製品,所以不會被咬壞(缺點是太重,而且可能會打破)。不但可以觀看南美栗鼠砂浴時的模樣,又方便清洗,從以前就經常被選用。這類瓶子要立起來使用,使用時的注意重點在於,即便南美栗鼠進得去,也要確實判別能否出得來。

尤其是正被母親照顧中的南美栗鼠寶寶,很容易發生陷在裡面出不來而衰竭的意外。

此外,決定容器大小的基本原則是「不要過小」即可,因為假如太大就必須放入大量的鼠砂。為了盡可能讓南美栗鼠使用新鮮鼠砂進行砂浴,再加上鼠砂會隨著每一次的砂浴而逐漸減少,最好選擇便於更換與補充鼠砂的產品。

鼠砂

砂浴用的鼠砂,建議盡量選擇顆粒較細的產品。

由於南美栗鼠的毛長得又細又密集,如果鼠砂沒有細到可以進入其毛髮之間、進而接觸到皮膚的程度,砂浴的效果就會大打折扣。

砂浴做得周到的南美栗鼠,毛量也會比較豐盈且質地鬆軟。

砂浴容器

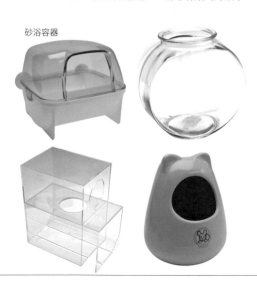

鼠砂

外帶提箱

最好選擇大小足以讓南美栗鼠躺下的產品，但是太大也會讓牠們在裡面躁動不安。請以大約可以抱著拿的大小為基準。

然而，如果是要長距離移動，選擇可以放入小屋、大一點的尺寸應該比較理想。

有以金屬網圍起的產品、塑膠製品和布製品等。布製品有溫度，較能感到安穩，但是容易悶熱、被啃咬，還容易被外界擠壓變形，所以有些移動狀況並不適用。

此外，如果移動時間較長，就必須準備飲水器。移動時最好連溫度變化、保暖防寒對策都考慮在內。

溫溼度計

為了讓南美栗鼠所處的房間維持一定的溫度與濕度，溫濕度計也是必備品。此外，南美栗鼠的飼育籠大多會安置在接近地板的位置，只要把溫濕度計設置於飼育籠下方，便於時常確認卽可，但是要注意別讓南美栗鼠搞破壞。如果是大型的飼育籠，最好上方和下方各設置一個。

體重計

可以將南美栗鼠裝進塑膠盒或小型的外帶提箱等，再用廚房的料理秤等工具來測量體重。確認體重的增減，就和每次確認食量一樣重要。南美栗鼠的身體有大量的毛覆蓋，因此大多不會察覺到變瘦了。不過透過定期的健檢等，動物醫院也會幫忙測量體重。

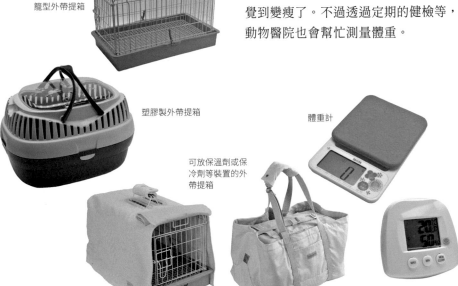

籠型外帶提箱

塑膠製外帶提箱

可放保溫劑或保冷劑等裝置的外帶提箱

體重計

溫濕度計

散熱用具

飼育南美栗鼠時，從初夏至初秋基本上都要透過空調來管理室內的溫度與濕度，儘管如此，有時仍會突然發生溫度上升或是難以降溫的情況。

不妨準備能夠設置於高處的消暑降溫產品。現在市面上就有販售小動物專用的散熱用具，例如具清涼效果的鋁板或大理石板等。

加溫用具

這是幼齡或年邁的南美栗鼠，在對抗疾病期間不可或缺之物。不過，即便是健康的成年個體，嚴冬時期氣溫遽降的日子或是早晚天涼之時，最好都要使用加溫器。有放在籠外與籠內的款式，請挑選南美栗鼠無法啃咬電線或加熱器本體的產品。

此外，光用板子等圍起飼育籠四周也能抵擋寒氣，亦可用毯子或羊毛製品等布巾包圍，不過必須注意不要被愛搞破壞的南美栗鼠硬扯進飼育籠中。

滾輪

南美栗鼠喜歡運動，在飼育籠中安裝滾輪作為轉換心情之用，應該也很不錯。

然而，關於使用滾輪，有幾點相關事項必須注意。

如果是改不掉啃咬習性的南美栗鼠，就要避免使用塑膠製品。無論如何都要選擇能固定在籠中使用的款式，並固定在較低的位置。假如出現在裡面尿尿的癖好，則最好拆除。

有些南美栗鼠可以玩得很順利、讓滾輪正常轉動，有些則會踩空或因轉速過猛而被拋下來，平時不妨觀察每隻南美栗鼠玩耍的情況，判別是否適合提供滾輪。

偶爾會發生腳踩空、支撐滾輪的

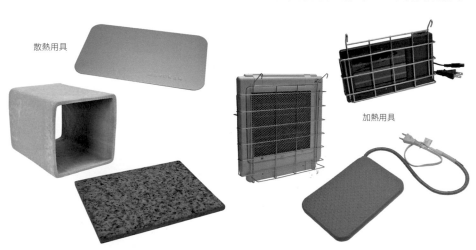

散熱用具

加熱用具

車軸或金屬網夾住腳或頭之類的意外。飼育多隻個體時，比較容易發生這類事故，如果讓2隻以上的南美栗鼠一起生活，裝設滾輪的時候就要格外慎重。

此外，尚在發育中的幼小南美栗鼠，或是在與體型不合的滾輪上興奮地持續跑動的個體，有時會傷及鼻子、背部或腰部，所以最好盡量使用較大型的滾輪。

其他玩具

兔子等草食性小動物常玩的牧草製玩具，也很得南美栗鼠歡心。這種玩具就算啃咬也很安全，南美栗鼠在玩的時候會一下子抱住、一下子揮舞、推撞，好像很開心的模樣，令人看了心裡暖洋洋的。

當然，也是有些南美栗鼠對這類玩具毫無興趣。

務必留意的是布製類的玩具。有些南美栗鼠會把線拉出來，結果不小心被線纏上身，或是碰到裡面有填裝棉花的玩具，把它咬破而誤食棉花等，都非常地危險。

最好觀察南美栗鼠的玩耍方式，判別該提供哪一種類型的玩具。

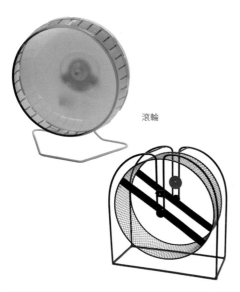

滾輪

啃咬型玩具

吊掛式玩具

飼育籠的布局

打造安全又不無聊的
飼育籠環境

　　南美栗鼠喜歡跳上跳下的縱向運動，因此在飼育籠中設置踏板或閣樓是最經典做法。不過，如果是具有一定高度的飼育籠，設置間距很遠的踏板讓南美栗鼠以大跳躍的方式登高，是比較危險的做法所以並不建議。把踏板配置成可依螺旋方向一階一階地登爬上去或下來，便可讓南美栗鼠在飼育籠中有效率地移動，還可以增加運動量。

　　此外，南美栗鼠會故意把可移動的東西都翻倒過來玩耍，為了避免此種情況，最好挑選可用螺絲等固定於籠中的款式。不過要是固定用的螺絲為木製或塑膠製品，本體又沒有與飼育籠緊密貼合，牠們可能會對螺絲產生興趣，進而跑去啃咬或破壞，請特別留意。

　　從南美栗鼠入住、並開始生活以後，便要仔細觀察飼育籠中是否有危險場所或似乎不太好移動之處，且一次次地重新調整布局，為南美栗鼠打造一個既安全又愉快的環境。

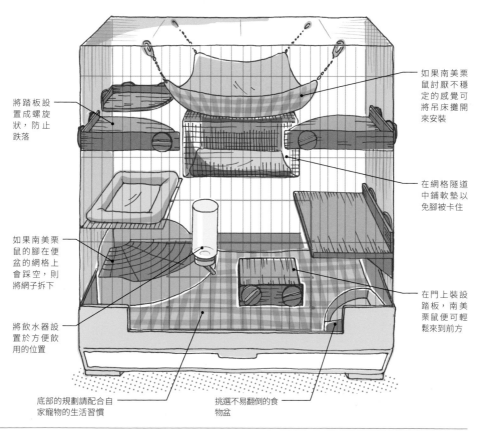

將踏板設置成螺旋狀，防止跌落

如果南美栗鼠討厭不穩定的感覺可將吊床攤開來安裝

在網格隧道中鋪軟墊以免腳被卡住

如果南美栗鼠的腳在便盆的網格上會踩空，則將網子拆下

將飲水器設置於方便飲用的位置

在門上裝設踏板，南美栗鼠便可輕鬆來到前方

底部的規劃請配合自家寵物的生活習慣

挑選不易翻倒的食物盆

適合南美栗鼠的飼養環境

飼育籠的擺放位置

　　飼育籠最好擺放在能讓南美栗鼠身心都感到安穩的地方。窗旁、門邊、房間角落等，這些地方都不適合設置飼育籠。

　　窗旁會有從窗戶灑入的直射陽光照射，也容易有寒氣滲入，是容易受到氣候影響的場所。

　　門邊則會隨著每次的開關門而使南美栗鼠受到驚嚇等，使牠們無法安心地生活。

　　而且開關門時，會有風灌入飼育籠內，即便是關著門，風也很容易從門縫侵入。

　　此外，在室內規畫方面為求視覺上的整齊沉穩，大多會把飼育籠擺在房間角落，但是這種地方通常日照與通風狀況不佳，飼育籠中容易充滿令人不適的溼氣。

　　所謂的通風良好，並不是風颼颼吹拂而過的意思，而是空氣是否有循環流動的意思。

　　若將飼育籠擺在通風不佳之處，空氣無法循環，也較容易累積灰塵。如果房間通風不好，不妨藉由循環扇等家電促進空氣的循環。

　　無論如何，都切忌將飼育籠硬塞進角落區或死角空間。

　　南美栗鼠的飼育籠都有一定的體積，雖然考量到安全問題擺放在地板上

是比較好，不過靠近地板的位置會冒寒氣且空氣循環不佳，因此10～20cm左右的稍高之處較為理想，只要放個底座，再將籠子擺於其上即可。

　　如果是有附設輪子的款式，輪子的高度差亦可將就。

　　南美栗鼠所處的房間，必須有空調，但最好避免將飼育籠擺放在會被空調的風直接吹拂的地方。電風扇的風也一樣。

　　由於南美栗鼠屬於夜行性動物，飼主對此免不了要有一定程度的顧慮，但並不表示白天時段就非得輕聲細語保持安靜不可。

　　如果飼主白天在家，入夜後便關燈並立即入睡，那麼南美栗鼠為了和飼

主玩，就會開始一點一滴配合飼主的生活作息。

最不理想的情況是飼主的生活模式太過紊亂，比方說今天整夜沒睡燈火通明，隔天則一整天不在家而屋內一片漆黑。

要是這種不規律的生活一直持續下去，將會導致南美栗鼠分不清楚何時該進食、何時該就寢。

如果有時候因為工作需要等原因讓生活作息暫時變得不規律，不妨仔細觀察南美栗鼠的反應，並且採取總是「開點小燈」或是「稍微打開窗簾」等應對之策。

南美栗鼠也是家中的一員，飼育籠擺設位置的環境固然重要，但設置時希望也能考慮到與家人交流的方便性。

就這層意義來說，不該將南美栗鼠飼養在室外。也絕對不要因為圖安靜或基於方便打掃的理由而將飼育籠放在玄關、走廊或浴室等處。

如果是套房的話，或許有人會將飼育籠擺放在廚房附近。

雖然主人在近處相伴是好事，但是使用瓦斯爐時溫度會上升、流理臺使濕度變高，再加上微波爐的聲音、水滾動等水聲都很吵雜，選擇場所時最好深思熟慮。

此外，電話或電視有電磁波，如果把飼育籠放在會發出聲音的電器旁邊，南美栗鼠很容易躁動不安。

請大家將南美栗鼠視為「家」的一部分，為牠們找出能夠好好放鬆、休息的空間吧！

溫度管理・濕度管理

打造乾燥涼爽的環境

野生的南美栗鼠長期生活在「氣溫最嚴酷時降至冰點以下，而濕度則是0％」的環境之中，然而，現在市面上流通的南美栗鼠有別於野生時期，並非在冰點以下的環境中出生成長的。

儘管如此，牠們基本上是喜愛乾燥涼爽之處的動物。

到了氣溫上升的日子，從4月左右開始便可使用空調，5～10月期間則必須透過空調調整溫度與濕度。如果不喜歡開空調的話，應該很難和南美栗鼠一起生活。

留意氣溫變化

夏季期間，要讓南美栗鼠所處的房間保持在20～25度，對南美栗鼠而言，超過26度就會吃不消，請使用空調維持一定的溫度。

一天之中多次改變設定，或是因日子而有所變化，像這樣變更溫度設定是不太妥當的。

比方說，在南美栗鼠所處的房間裡，如果從外頭返家的人因為覺得「很熱」或「很冷」而改變設定溫度，即便只是一時的，或是在適當溫度的範圍內，仍然可能導致南美栗鼠的健康亮紅燈。

南美栗鼠無法如此輕易地應對氣溫與濕度的變化。如果情況有變，不妨讓設定溫度維持不變，由人類穿、脫一件衣服來做調整。

此外，如果同時有2、3個人返家，室內的氣溫與濕度都會產生變化。是日照良好的房間？還是氣密功能性佳的房間？空調的效果也會因房間的條件而異，最好勤加檢視溫濕度計。

清潔空調

南美栗鼠所在的房間會有鼠毛與鼠砂飛揚，容易造成空調的濾網阻塞或發霉，必須勤快地清掃。

在空調外側加裝拋棄式濾網應該也不錯。建議每年請專業人員清洗空調1～2次。

可以預期，有時會因停電或故障導致空調停止運轉，因此即便安裝了空調，也別忘了在飼育籠中擺放降溫產品備用。將2ℓ的寶特瓶加水放入冷凍庫中冰凍，即可應付不時之需。

冬天的因應措施

關於因應冬季寒冷的對策，雖然沒必要總是擺放著保暖用具，但如果是幼齡或高齡的南美栗鼠、帶回家時正值嚴冬時期，或是嚴寒期間的夜晚及早晨等情況，則最好放入小動物專用的加溫器為南美栗鼠保暖。

此外，「隨著季節的推移而逐漸變冷」這一點倒是不成問題，問題出在「人類在家期間與外出期間家裡的溫差會變大」，這所產生的影響便會反映在南美栗鼠身上。

不妨在飼育籠中擺放加溫器來調整溫度，或是一整年都使用空調，讓房間保持在一定的溫度。

還有，請務必在飼育籠內打造一個可以避開加溫器熱氣的地方，因為加溫器效能太強而導致身體出狀況的南美栗鼠也不在少數。

尤其是冬天，很容易因為地板冒出的寒氣、縫隙灌入的風，或是冷熱溫差而搞壞身體。

不妨採取「用塑膠板等圍住飼育籠」之類的措施，或是不把飼育籠直接放在地板上，鋪上地毯等來預防。

濕度要低於40%

因為那一身美好的皮毛，讓南美栗鼠非常不耐濕氣，一年到頭都必須為牠們做好預防潮濕的措施。否則不僅健康容易出狀況，還會因為悶熱而引起皮膚病。

請使用空調或除溼機，以濕度不超過40%為目標。無論如何都降不下來時，則讓室溫降低1～2度，並且比其他季節多增加幾次砂浴。

此外，濕氣不盡然全來自於戶外空氣，飼育籠內的尿液若擱置不理，也會導致濕氣上升。因此籠內必須常保清潔，地板墊料或牧草如果沾濕了就要立即替換，這些用心都必不可少。

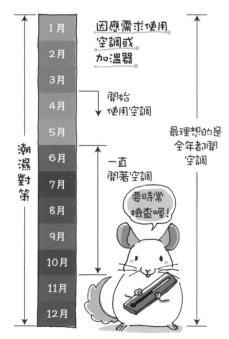

目前的氣溫每年或每個地區可能不一致。

在房間裡嬉戲時的安全措施

以南美栗鼠的角度來思考

待南美栗鼠完全習慣新環境與飼主後，不妨讓牠出來飼育籠外面進行「屋內散步※」吧！在寬敞的地方到處奔跑也是南美栗鼠熱愛的活動，還能藉此消除壓力，飼主也能更近距離感受其可愛的模樣。

然而，飼育籠外存在著大量對南美栗鼠而言相當危險的事物，還會引發許多令飼主傷腦筋的問題。請先了解容易發生的意外或危險，整頓出可以安全遊玩的環境後再開始「屋內散步」！

從觀察行動發掘出安全對策

把南美栗鼠放出籠以後，首先牠會試圖往陰影裡鑽。對此可以預先採取的措施是，禁止牠們通行的地方要先用柵欄隔開，縫隙則要塞東西堵住。不過，如果是3cm左右的縫隙，南美栗鼠還是鑽得過去，請選擇使用較窄的柵欄。

結束下方的探索後，南美栗鼠緊接著會鎖定上方。即便以柵欄隔開，只要南美栗鼠有心想去，便會以跳躍或攀登的方式不斷往上移動，因此絕對不能移開視線。搞不好牠們還會上演三角跳躍（利用踢牆動作順著壁面攀登上高處的技能）這種任誰看了都會讚嘆不已、如雜技般的招數。

然而，南美栗鼠也有冒冒失失的

一面。原以為既然可以爬上去就應該可以下得來，結果卻意外地跌下來，有時還會因為突發的聲響受到驚嚇而踩空。也經常爬到高處就地休息，一不小心就睡著了。總之飼主只要視線一挪開，牠們就會一溜煙地跑得不見蹤影。

南美栗鼠超愛筆直地奔跑，還經常銳不可擋地衝刺然後撞上東西。如果有台座之類的物品，馬上就會試圖爬上去，因此要特別留意那些放置狀態不穩的箱子等。有些南美栗鼠還會試圖跳進水箱裡，掀開蓋子就往下鑽，結果掉進馬桶或浴盆裡。落地型的暖氣設備也很危險。此外，也曾發生過南美栗鼠鑽進窗簾的摺子中，飼主一時不察而打開窗戶，結果牠們便逃到外頭去的事件。

必須事先收起具有毒性的觀葉植物、藥品與化妝品，這事自不待言。南美栗鼠就是如此地好奇心旺盛，對任何事物都感興趣，會毫不猶豫地多方嘗

試，試水溫般地將鼻子湊近去聞聞看、用嘴巴舔舔看，或試著用手壓壓看。小物品、食物或營養輔助食品的盒子等，只要大小是雙手可以拿取的，就會立刻拿著跑走。致命的意外也層出不窮，所以飼主要養成在進行「屋內散步」前務必收拾好東西的習慣。

返回籠內的方式

「屋內散步」最傷腦筋的問題，就是能否讓南美栗鼠返回籠中。

當然，只要打開飼育籠的門，南美栗鼠便會自己走出來，不過如果「屋內散步」的地點並非飼育籠所在的房間，而是要在走廊等其他場所進行，就必須抱著南美栗鼠把牠們帶到該處。如果是剛帶回家不久，南美栗鼠也還沒習慣的情況下，本來就不喜歡給人抱，所以在飼主臂彎裡暴走的情況十分常見。而這樣的狀況之後對南美栗鼠與飼主都會造成心理陰影，使彼此互不信任，最後甚至完全無法互相接觸。

等到南美栗鼠適應新環境及飼主的每日照顧，已經可以進行籠中交流以後，再開始「屋內散步」也絕對不會太遲。

在飼育籠中聽到飼主呼喚便會靠過來、可以撫摸牠、拿著飼料就會來到手邊——如果不等南美栗鼠學會這類交流就放到籠外，可是相當危險的喔！

此外，無論已經多麼習以為常，南美栗鼠只要沉浸於玩樂之中，就會不願回到飼育籠中。建議「屋內散步」要安排在用餐或砂浴之前進行。

要讓南美栗鼠返回籠內時，可在食物盆裡放好食物，促使南美栗鼠進入籠中，或是將砂浴用的盒子擺在南美栗鼠身旁，等牠進入盒子裡便可直接放回籠中，這類方法會比較安全。將食物放入外帶提箱中引誘南美栗鼠，也是不錯的方式。

※ 屋內散步＝放出飼育籠外，在房間裡遊玩。

防止「搞破壞」的對策

南美栗鼠很愛搞破壞，是個搗蛋鬼，對天性如此的牠們而言，人類的房間充滿魅力。讓牠們從飼育籠中飛奔出來自由玩耍、進行「屋內散步」時，必須格外費心照顧。

南美栗鼠想要玩的目標，盡是鎖定飼主鍾愛之物或非請勿進之處，所以格外重要的東西絕對要先收好。只要在憑自己的力氣拿得動的範圍內，無論是文件類、書籍、首飾還是藥品類，都會靈巧地用前腳拿著，趁飼主沒看到的空檔拿著跑走，拿到飼主看不到的地方或飼主手搆不著的地方躲起來，然後開始大肆破壞。

牠們對於平常隨意擺放的觀葉植物或花瓶裡的花都很有興趣，會把花或葉子吃下肚，或是撕得破破爛爛的，最後連花瓶都推倒。一察覺到「被發現了！」，就會故意踢倒再逃走，有時花瓶會破掉，或是使水潑到牠們身上，所以必須格外注意擺放的位置。

此外，電線似乎有著令南美栗鼠難以抗拒的「口感」。然而，「咬電線」是相當危險的遊戲，有時在啃咬的過程中便會起火或觸電，不妨幫電線套上螺旋護套、尼龍波紋套管或插座蓋等保護電線的產品。不過南美栗鼠有時連套管都會啃咬，這時就得採取一些措施，例如讓電線從地毯底下通過，或使用柵欄等工具使其無法靠近等。

壁紙和家具區也是南美栗鼠最愛的地方。有些壁紙或家具上使用了較劣質的黏著劑，最好利用貓用防抓貼膜或L型角落防撞條等來避免牠們誤食。

此外，南美栗鼠是著名的逃脫大師，連3cm左右的隙縫也能穿過去，所以最好先仔細確認房間門窗是否緊閉，再將之放出籠外。

換句話說，放南美栗鼠出來「屋內散步」時，飼主絕對不能移開目光。

與其他動物的接觸

相較於其他動物，南美栗鼠大多是比較友善的。然而，無論平日感情多麼融洽，或是彼此互不感興趣，只要飼主不在場，會發生什麼事也未可知。絕對不能放任南美栗鼠與其他動物待在飼主不在的地方。

清掃與衛生管理

有些南美栗鼠在「屋內散步」途中有便意或尿意時，會回到籠中或是跑進便盆裡，但是大部分的南美栗鼠都是到處釋放排泄物。有些時候是為了佔地盤而刻意為之，所以「屋內散步」的時段內僅針對非常在意的部分先清掃即可，等放風結束後再馬上收拾。

此外，如果南美栗鼠已經習慣隨時進行砂浴，那麼有時會在「屋內散步」前或「屋內散步」途中進行砂浴，這麼一來，牠們身上就會沾黏著砂子四處跑來跑去，使砂子散落在房間裡。鼠砂如果掉進電視、電腦、影印機等精密電器內，時常會引發故障，因此不使用的時候最好罩上套子，盡可能避免鼠砂入侵電器。

南美栗鼠進行「屋內散步」的安全，也和整理、打掃房間的頻率息息相關。只要隨時掌握什麼東西放在何處，就能提高危機意識。「屋內散步」中的意外一旦發生就為時已晚，為了加以預防，主人最好勤快地整理、整頓並清掃房間。

全新風格：
南美栗鼠與吊床

● **在日本也有登場的**
南美栗鼠專用吊床

　　「由於牙齒是牠們最重要的維生工具，因此牠們什麼都咬，什麼都破壞！」這句話就像齧齒類給人的招牌印象般，讓人覺得以布製品來布置牠們的家應該不可行。

　　然而，歐美現在有販售南美栗鼠或實驗鼠專用的吊床，而且很理所當然地裝設在飼育籠中。然後，裡面有個睡得酣甜的身影……。

　　日本首度販售的南美栗鼠專用吊床，徹底檢驗過南美栗鼠的生態與在日本的行為傾向，還研究了能抑制啃咬慾望、無法啃咬的縫製方式以及南美栗鼠喜歡的質地，用「盡可能安全，盡可能舒適，盡可能放鬆，盡可能讓飼育籠更明亮、愉快又時尚」作為設計目標打造而成。

　　在這項產品誕生之後，轉眼間，

全日本為南美栗鼠安置吊床的飼主急遽增加。

　　後來有人開始生產吊床，有人自己DIY，還有人拿其他動物專用的吊床給南美栗鼠使用，吊床以各式各樣的形式大受歡迎。

● **透過吊床感受**
自家南美栗鼠的個性

　　儘管如此，會咬的南美栗鼠還是會咬，有些還是會搞破壞。可能這類南美栗鼠有著無論如何都要啃咬布製品的強烈意志，又或者某些產品縫製得比較容易啃咬。

　　即便縫製得無可挑剔，也有可能因為南美栗鼠覺得太無聊而啃咬發洩。

　　不過，許多飼主也正是透過吊床重新認識了自己所飼養的南美栗鼠是什麼樣的個性。

　　南美栗鼠對自己覺得舒適之處的重視度，遠超過我們的認知。「都一起生活這麼多年了，卻是第一次看到牠這樣的睡臉。」吊床的存在帶給許多飼主這樣的感動，也為飼育南美栗鼠的未來創造出許多可能性。

　　話雖如此，並不表示吊床適合所有的南美栗鼠，最好根據飼主的經驗來判斷是否使用。

2015 年 6 月 14 日誕生，日本第一個南美栗鼠專用吊床品牌「Margaret Hammock（マーガレットハンモック）」。

Chapter 4

南美栗鼠的
飲食

必要食物為何？

規劃飲食的注意事項

南美栗鼠的主要食物是牧草，除了牧草以外，還要另外供應適量的固體飼料（以牧草爲主要成分的固體食物），這便是牠們的每日飲食。

對南美栗鼠而言，牧草是主食，固體飼料只是補充食品——請飼主具備這樣的概念，不能只用固體飼料餵飽南美栗鼠。飲食的基本比例是9成爲牧草，1成爲固體飼料。最好兩者都挑選新鮮、品質良好，而且適合南美栗鼠的產品。

牧草可選擇小動物專用的品項，固體飼料建議大家可購買南美栗鼠專用的產品。

不久以前，日本還沒有南美栗鼠專用的固體飼料，一包難求。那個時期大多以兔子的固體飼料作爲替代品，不過如今，南美栗鼠專用的產品已經增加

到可任君挑選的地步。如果沒有特殊的理由，最好提供牠們專用的飼料。

南美栗鼠基本上不需要這兩者以外的食物。使用少量點心作爲交流工具或許有不錯的效果，不過如果持續提供大量味道濃郁的零食，會導致南美栗鼠不吃主食，也就是牧草。

野生南美栗鼠的飲食非常簡單，而且可以從少量的食物裡提取出大量的營養來吸收。對於和人類一起生活的南美栗鼠而言，攝取過多又甜又高熱量補充食品的營養，不光會造成肥胖，還會增添內臟或身體的負擔，當然也會擾亂腸內環境。請務必留意避免讓牠們攝取過多主食以外的食物。

此外，有些人會誤信「南美栗鼠是不攝取水分的動物」這種錯誤的資訊，其實水對於牠們而言是必需品，最好提供新鮮的水讓牠們可以隨時飲用。

粗食的草食性動物

南美栗鼠為草食性動物，如同字面上的意思，即是吃草維生的動物。那麼，為何草的營養可以轉化為動物的肌肉及足以活躍活動的能量呢？在此試著簡單說明草是如何被身體攝取吸收的。

在南美栗鼠等草食性動物的腸道裡面，存在著大量看不見的微生物（腸內細菌）。這些微生物會攝取吸收被嘴巴與胃等消化器官磨碎的草，轉換為可長出肌肉或生出能量的營養。

微生物藉由消化吸收草的養分來達到活性化，而擁有大量活力充沛的微生物，腸內環境就會穩定，亦可維持身體的健康。

此外，微生物本身也會被消化吸收。對草食性動物而言，微生物可以轉換為動物性營養的來源。

再回頭談談野生的南美栗鼠，牠們一直以來都生活於標高較高的山地岩石區，大多食用枯草或枯木等，有機會的話或許也會吃些綠草、果實等營養價值高的東西，不過當飲食內容較為簡樸時，腸內的微生物會發揮較大的作用，生成用以維持南美栗鼠健康的營養。

至於和人類一起生活的南美栗鼠，每天吃的都是飼主準備的食物，假如提供過多野生個體在自然環境下幾乎遇不到的、糖分與脂肪太高的食物，微生物將會變弱或死亡而使數量減少。如此一來，腸內環境會變得不穩定，破壞草食性動物的良好消化循環。南美栗鼠為草食性動物，最好先有這樣的理解再來為其準備食物。

此外，牠們還會「食糞」，意即吃食自己所排泄的糞便，藉此將殘留未消化營養的「盲腸便」再次攝入體內，以確實吸收營養。

基本飲食

準備清單

- ☐ 牧草
- ☐ 南美栗鼠專用固體飼料
- ☐ 水

飲食重點

- ☐ 南美栗鼠為草食性動物，且食物來源單純
- ☐ 主食為牧草
- ☐ 固體飼料是加強營養的補充食品
- ☐ 蔬菜也可列入菜單之一
- ☐ 留意別提供過多點心
- ☐ 確保隨時有水可以喝
- ☐ 飲食要符合年齡（幼齡、高齡）

牧草

點心　　　　　　　　　固體飼料

主食=牧草

供應牧草的必要性

「南美栗鼠是草食性動物，所以攝取的食物以草為主」，我想這一點大家都明白了。但為何要以牧草作為牠們的主食呢？接下來就來說明一下牧草的必要性吧！

為了牙齒

南美栗鼠打從出生開始，所有的牙齒都會不停地生長，稱之為「常生齒」。只要善用牙齒，即可防止生長過度。倘若牙齒（尤其是臼齒）過度生長，就會引起咬合不正等牙齒問題，導致用餐無法盡興。特別是臼齒，唯有食用牧草才有磨牙的效果，因此食用牧草這件事極為重要。

以固體飼料作為主食，牧草則偶爾或每隔一天供應——此種方法是行不通的。啃咬固體飼料幾乎無法磨牙。即便幼齡時期或年少期間沒出問題，長大後牙齒的問題應該就會浮現。

或許有人認為，要磨牙就給個啃木或啃咬用的玩具不就得了？但是啃木等能夠磨耗門牙（前牙），卻無法磨耗用來嚼碎食物的關鍵臼齒。臼齒就是必須透過磨碎牧草的咀嚼方式才能讓狀態正常。

為了腸功能

要維持南美栗鼠的腸內環境，牧草是不可或缺的。牧草的纖維質可活化腸道功能，有助消化吸收，腸中的微生物也能待得舒適，如此便能充滿活力地發揮作用。

牧草的種類

牧草有以下幾種類型：
● 提摩西牧草（禾本科）：

莖梗較硬，纖維質高而蛋白質低，建議作為主食牧草。是小動物專用的牧草，在一般市面上大量流通，應該很容易購得。

秋天為收割季，依照收割順序又分為1割、2割與3割幾個種類，硬度、纖維質的量與味道等各異。

1割是收割季第一批收割的牧草，纖維質比後來收割的牧草還要豐富。2割的營養價值稍降，莖梗等也變軟一些。3割則極為柔軟，用來鋪床應該不錯，也很適合有牙齒問題的南美栗鼠食用。

● 紫花苜蓿（豆科）：

高蛋白質且高鈣，是營養價值很高的牧草。味道較爲濃郁，頗受動物喜愛。雖然不適合作爲主食，但可於發育或懷孕期間作爲營養補充之用，或是當成點心來供應。

● 果園草（禾本科）：

日本名稱爲鴨茅，是一種隨處生長的雜草。比提摩西牧草來得軟，很適合有牙齒問題的南美栗鼠食用。

● 百慕達草（禾本科）：

日本名稱爲行儀芝，也會用來打造草坪。又細又柔軟，用來鋪床應該不錯，也很適合減肥中或有牙齒問題的南美栗鼠食用。

● 麥類（禾本科）：

禾本科的牧草中也有大麥、高纖維麥草（燕麥）等麥類。

爲了預防牙齒過度生長並促進腸道活化，希望大家能讓南美栗鼠食用大量的牧草，而且建議以無須擔心過胖、偏硬、低營養而高纖維的提摩西牧草作爲南美栗鼠的主食。

順帶一提，提摩西牧草的標準成分如下：

● 粗蛋白	7.5～9.5%
● 粗脂肪	2.0～3.0%
● 粗纖維	28～35%
● 總纖維	52～68%
● 磷	0.22～0.28%
● 鈣	0.35～0.55%

牧草的供應方式

南美栗鼠對牧草的適應能力很好，無論是哪一種牧草都能吃得津津有味，但是如果持續提供單一種牧草，很容易吃膩，有時也會因此不再喜歡牧草，所以讓南美栗鼠長久喜愛牧草的訣竅，便是偶爾變換牧草。

同樣是提摩西牧草，味道卻會因爲產地、收割時期與保存方式而異，因此有時光是改變購買的商店或製造廠商，就能增加南美栗鼠的牧草食用量。此外，如果有辦法取得，將前述的各種牧草混合應該也不錯。

牧草若在飼育籠中長時間放置，即便仍是可食用的狀態，南美栗鼠也會不屑一顧。很多時候只是自己不小心踩到就不吃了。

一天內分數次提供牧草，吃完後再補足，以這樣的方式提供較爲理想，但如果飼主的情況不允許，不妨將一把牧草的分量分成兩份，分別於早晚提供。食量會有個體差異，請確認是否已吃完，吃完了再少量添加，藉此找出適

068　　Chapter 4　主食=牧草

合南美栗鼠的分量。如果總是剩下很多，最好重新評估固體飼料的供給量。

牧草的目標食用量，大概以1個月1kg作為基準。

沾到尿液的牧草，即使只髒了一點點，最好還是汰換更新比較好。

牧草的相關知識，這些條件都很重要。不妨試著詢問店家如何選擇牧草。

牧草的相關知識，這些條件都很重要。不妨試著詢問店家如何選擇牧草。

此外，牧草如果裁切得很短，營養成分容易從切口處流失，最好問問看是何時裁切的。愈長的牧草愈能維持新鮮度。

無論是哪一種牧草，都很容易出現粉屑，不過要是細碎的葉屑過多，可能是拿取牧草袋的方式太粗魯，或是存放過久，最好仔細觀察確認。

牧草的保存

牧草在開封前後最好都保管於無日照、無溼氣的陰涼處。電燈的光也會導致牧草劣化，因此收納於箱中或抽屜裡為宜。

如果購買大量牧草並且頻繁地開闔袋子，空氣與溼氣就會跑進去，有些時期會長出蟲子，或容易發霉變質，且鮮度與香氣都會流失，因此建議分裝至容量500g左右的袋子來慢慢使用，其餘的則與乾燥劑一起收進可密封的箱子或袋子中保管。或者購買一包500g左右的產品來使用亦可。

牧草的選擇方式

要想取得品質良好的牧草，首先不妨尋找值得信賴的店家。商品的流動率高、牧草未陳列於向陽處、店員具備

牧草的種類

提摩西牧草 1 割

提摩西牧草 2 割

提摩西牧草 3 割

高纖維麥草

果園草

紫花苜蓿

固體型牧草

提摩西牧草磚
紫花苜蓿磚

補充食品

供應固體飼料的必要性

身爲草食性動物的南美栗鼠，爲什麼不光要吃牧草，還需要固體飼料呢？首先就從供應固體飼料的必要性開始說起吧！

野生南美栗鼠生活於嚴酷的環境之中，一直以來都相當粗食，然而就像前面所述，拜其腸內微生物所賜，卽便粗食也不乏必要的營養，可以活力滿滿地過活。因爲牠們都出於本能地自行攝取著必需的營養成分。

那麼和人類一起生活的南美栗鼠，又是如何呢？

牠們在飲食與安全上都是受到保障的。然而，卻也開始或多或少地承受著身處大自然之中時所沒有的壓力。腸內原本應該有大量的微生物，卻因爲這些壓力而逐漸減少，可想而知，微生物所產出的營養應該也慢慢減少。

有鑑於此，爲了確保最低限度的營養，必須少量提供加強了養分的固體飼料。

此外，主食牧草中蔚爲主流的提摩西牧草，其實並非一年到頭都維持一定的品質。固體飼料的作用，可說是用來彌補提摩西牧草品質不穩定的問題。

固體飼料無論在什麼樣的狀況下，都可以確保南美栗鼠攝取到最低限度的營養。

供應量

固體飼料的每日供應量爲體重的1～5％，其營養吸收率會依每隻南美栗鼠而異，因此無法隨意下定論，最好仔細觀察南美栗鼠身上的肌肉、毛的色澤等外觀，以及體重的增減等，再決定用量。平均來說，大約餵食10～15g，但會因南美栗鼠的體格、運動量與固體飼料的種類而有所增減。

考量到南美栗鼠的食量本來就不大，白天大多時間都在睡覺，不妨只在晚上提供固體飼料，亦可1天供應2次，早上少一點而晚上多一點。「是否有吃完」可以作爲其食欲的判斷基準。無論採用哪一種供應方式，請都設定爲可以吃完或是稍微不夠的分量，唯獨牧草是早晚都必不可少的。

固體飼料的選擇方式

固體飼料最好購買南美栗鼠專用的產品。

除了固體飼料之外，另有添加了乾燥水果或果實等的產品，但這會導致南美栗鼠只愛吃裡面的水果或果實而不再吃固體飼料。最好挑選單純為固體飼料的品項為宜。

「南美栗鼠啃咬固體飼料時能一次就咬斷」最好挑選這種較易咬開的產品比較理想。

牠們有時會吃掉一半，另一半就丟掉，如果殘留於器皿中倒還好，老往地上丟的話，有時吃的量會比飼主預期的少很多。

最好事先確認所購買的固體飼料的評價與聲譽，或到值得信賴的店家向工作人員詢問看看。

開始供應給南美栗鼠後，最好判別牠們是不吃還是不容易進食，並且仔細觀察毛的光澤與身上肌肉的變化。不見得「吃＝優質食物，不吃＝劣質食物」，其背後可能還有各種因素。

固體飼料有時會在流通期間或在店面時，因保存不當而劣化。請避免購買陳列於向陽處的固體飼料，此外，即便是出自同一家製造商，最好不要購買長期滯銷的產品。選擇商品流動率高的店家方為上策。

購入後要存放於家中陰涼處，避免光線照射。

選購小包裝的固體飼料，或是按幾天就能吃完的分量自行分裝、密封並保存，會更能維持新鮮度。無論如何都必須存放較多分量時，只要保存於冷藏室，即可拉長保存期限。

固體飼料的種類

PROFESSIONAL CHINCHILLA FEED
(brytin)

CHINCHILLA SELECTION PRO.
（Yeaster）

CHINCHILLA DELUXE
（OXBOW）

CHINCHILLA PLUS
diet maintenance（三晃商會）

PREMIUM CHINCHILLA FOOD
(Mazuri)

※2016 年 10 月為止在日本都是小包
裝分售，因此包裝有時會不同。

CHINCHILLA FOOD (brisky)

CHINCHILLA FOOD (EXCEL)

點心

供應點心的目的

　　南美栗鼠特別愛吃，因此只要善用食物來與牠們交流，感情就能變得很融洽。不妨好好利用點心作為交流工具吧！

　　然而，可別聽到點心就聯想到甜點。雖說是點心，卻也不是什麼特別之物，即便是以其喜愛的牧草等充當點心，南美栗鼠也會很高興。

　　還有一些飼主是將固體飼料視為點心，在主食牧草之間的空檔用手拿著提供給牠們。

　　此外，應該也有飼主是以營養補充食品作為點心，如果是有益健康的食品，可說是一石二鳥。

　　人類的小孩無法一次吃很多，因此吃點心是作為正餐之間的營養補給，或是因為肚子餓而吃，但是，對南美栗鼠而言，吃點心並非為了補充營養或充飢之用。

　　在「屋內散步」結束時，利用南美栗鼠喜歡的點心誘導其返回籠中，或是想稱讚南美栗鼠時作為獎賞、在與南美栗鼠互動的時間裡與之共享快樂等，提供點心給牠們終歸只是為了使其與飼主感情變得融洽。

　　不過，在南美栗鼠食慾差而滴水不進時提供點心，有時牠們也會因此開始一點一點地進食。

　　如果因為覺得南美栗鼠開心吃著東西的模樣很可愛，而給予大量的點心，就會因為吃飽了而不願意吃牧草或固體飼料。請務必留意，不要提供過量的點心。

點心的選擇方式

為南美栗鼠挑選以乾燥蔬菜、香草、野草等天然素材未經加工製成的點心較為理想。

混合類的產品難以掌握南美栗鼠到底吃了什麼，因此單品項裝袋的產品較為合適。

請務必確認成分，即便是小動物專用的食品，仍有些摻了許多砂糖或麵粉。

餅乾類產品、玉米或堅果等果實類的脂質過高，因此並不適合。

水果乾等，則須選擇未沾裹砂糖或油脂的產品，並且少量提供。

此外，絕對禁止給予人類所吃的點心或麵包等。

巧克力中含有中毒物質，請注意別讓南美栗鼠吃下肚了。

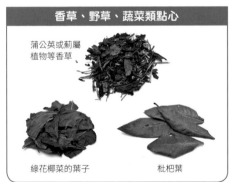

香草、野草、蔬菜類點心

蒲公英或薊屬植物等香草

綠花椰菜的葉子　　　枇杷葉

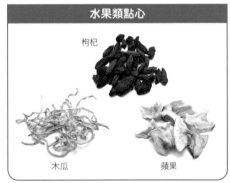

水果類點心

枸杞

木瓜　　　蘋果

禁止食用的蔬菜水果

禁止食用的蔬菜水果包括了蔥、洋蔥、酪梨、韭菜、大蒜、菠菜、茄子、馬鈴薯發芽的部位、生豆類等。此外，桃子籽等也不太理想，請留意避免南美栗鼠誤食。

洋蔥　　　　　酪梨　　　　　馬鈴薯的芽

更深入的飲食情報

飲用水

南美栗鼠的飲水量不多，然而，水卻是不可或缺之物。在無法喝水的狀況下，將會漸漸無法進食，健康也會亮紅燈。最好確保隨時都有新鮮的水可以飲用。

日本的淨水場設備完善，提供自來水給南美栗鼠喝也沒問題。不過水的美味與否應該會依居住地區而異。

寵物商店等處，近來也開始推出小動物的專用飲用水。南美栗鼠的食量很小，喝的水也不多，而且能夠確實地吸收，因此在飲用水方面，應該有人會考慮購買小動物專用水讓南美栗鼠喝喝看吧。

供應淨水器過濾後的水也不錯，但缺點是過度殺菌會使水質比較容易變質。

此外，關於人類飲用的礦泉水，請仔細確認其成分。雖然南美栗鼠並不像兔子那般有鈣質堆積造成危害的疑慮，但是礦泉水並非專為小動物製造的水，因此必須了解其成分。

南美栗鼠使用的，應該絕大多數是瓶裝式飲水器。牠們在喝水時，有時會從瓶子吸嘴把唾液或食物殘渣等反吐回去。儘管表面看起來很乾淨，實則在牠們喝水時就弄髒了，因此水要每天倒掉1次並清洗瓶子，確保無髒污殘留。

低鈣純水
（三晃商會）

南美栗鼠專用水
（APEX）

水與生鮮蔬菜

南美栗鼠本來就吃不慣生鮮蔬菜，除非有特定理由，否則以生鮮蔬菜為主要食物並不理想。

寵物商店有時並沒有做好適當的管理，而讓南美栗鼠食用生鮮蔬菜或水果來代替水或牧草，使牠們不得已只好從蔬菜中攝取營養。因此，即便帶回家的南美栗鼠會吃大量的蔬菜，還是要餵食大量牧草為宜。

然而，也有些南美栗鼠在食慾不振時只會勉強吃些生鮮蔬菜或水果才能撐過去，因此適量提供這些食物並非壞事。

幼齡南美栗鼠的飲食

　　幼齡時期最重要的便是「無論如何都要讓南美栗鼠好好地進食」，直到出生後6個月爲止，都要觀察牠們的成長狀況並盡量餵食，不要過於執拗地限制食量。

　　一般來說，南美栗鼠最快會在出生後1個半月時離乳，所以有時2個月左右便會陳列於寵物商店裡販售。

　　來自國外的南美栗鼠，相同月齡之下離乳時間會更早。

　　南美栗鼠寶寶即使出生1個半月以後，只要和媽媽一起生活，便會繼續喝母奶，也很常食用媽媽所吃的成鼠食物。盡情撒嬌長大的南美栗鼠，在情緒上也比較穩定。（然而，若是由商店自行繁殖、販售，會由老闆斟酌決定何時離乳。吃得多而身上肌肉扎實，體重足量且充滿活力的話，就會推出販售。）

　　如果出生3個月左右都在父母身邊度過，變得又大隻又圓滾滾的，那麼離開父母、換一個家，身處於充滿壓力的新環境中，應該仍可活力滿滿地照常進食。

　　然而，如果帶回家的是剛離乳的

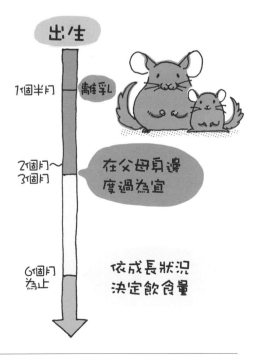

出生

1個半月　離乳

2個月～3個月　在父母身邊度過為宜

6個月為止　依成長狀況決定飲食量

南美栗鼠，飼主就等同於媽媽。有沒有吃牧草？有沒有吃固體飼料？排泄狀況如何？是否活力充沛地四處活動？請格外細心地確認並守護牠們。

雖說希望南美栗鼠大量地進食，但也不能提供過多牧草與固體飼料以外的食物。從幼齡時期開始，牧草便是主食的最佳選擇。似乎有點偏瘦的話，不妨稍微增加固體飼料，或供應多一點營養價值高的牧草（紫花苜蓿等）。

高齡南美栗鼠的飲食

南美栗鼠上了年紀以後，牙齒會逐漸變弱，開始剩下牧草的莖梗部位。建議進行牙齒健檢以防萬一，如果還是愈來愈難以咀嚼，不妨多給一些葉子，並積極尋找吃得下的牧草。南美栗鼠無論到多大年紀，只要還能進食，就會從牧草中攝取養分。固體牧草飼料等多少

能發揮牧草的功用，且在固體飼料中選擇咀嚼或磨耗牙齒功能較強的牧草類固體飼料，將更能夠維持牙齒的健康。

倘若牧草或固體飼料都幾乎吃不動了，有時會利用「流質食物」來應對。請參照P.141的照護項目。

喜歡在高處用餐的南美栗鼠也不在少數，因此飼育籠的配置大多會將食物盆設置於高處，但是到了運動能力下降的年紀以後，要登上高處將變得困難且危險，最好將食物盆移至方便食用的高度。

飼養多隻時的飲食

若飼養多隻南美栗鼠，且養在同一個飼育籠子中，只設置一個食物盆的話，南美栗鼠有時會為此大打出手。為了盡量避免爭執，最好有幾隻南美栗鼠就在飼育籠中擺放多少個食物盆。

食量確認

　　每一次的食量確認都至關重要。最好大概在差不多的時間提供差不多的量，並確認下一次用餐時間前是否已經吃完？大概吃了多少？

　　沒有吃完或是比平常留下更多食物等，當食量減少時，就要懷疑南美栗鼠是否身體不適。最好重新檢視牠們的生活環境，像是溫度是否過熱或過冷，也務必檢查其體重的增減。

　　此外，是否隨著年紀增長而讓身體狀況出現變化，這些皆可從食量與飲食喜好的緩慢變化中得知。

　　即便是細微的飲食變化，也要留意並給予關心。

「動物的5項自由」
The Five Freedoms for Animals

所謂的5項自由，原本是作為牛或豬等畜產動物福祉的指標，源自於英國。如今則是受到國際認可，目的在於「適當飼育動物」的一種思維。日本的《動物愛護管理法》第2條中也有制定相同的內容，當然，也適用於南美栗鼠。

1. 免受飢餓與乾渴的自由
Freedom from Hunger and Thirst

南美栗鼠為草食性動物。
是否隨時都有牧草可以吃？
是否每天都有準備飲水？
是否有提供南美栗鼠食品作為營養補充品？
請為南美栗鼠尋覓大量喜愛的牧草吧！

2. 免受身心不適的自由
Freedom from Discomfort

南美栗鼠不耐高溫多濕與急遽的溫度變化。
是否被陽光直射？
是否悶熱或太冷？
是否生活在被排泄物污染的飼育籠中？
為南美栗鼠打造一個清潔且通風良好的家吧！

3. 免受痛苦、傷病的自由
Freedom from pain, Injury or Disease

南美栗鼠是草食性動物之中，特別會隱藏疾病的動物。
食量或排泄物是否有異常？
是否有傷口或皮膚病？
稍有變化時，是否可以立即接受診察或治療？
為了防患於為然，先存好醫療費吧！

4. 免受恐懼或不安的自由
Freedom from Fear and Distress

南美栗鼠生活的地方安全嗎？
是否過於吵鬧？
是否將與之關係不佳的其他南美栗鼠強行關進同一個飼育籠中？
是否讓牠們過著食物與散步都時有時無的不穩定生活？
傾聽南美栗鼠的感受並溫柔地與之對話吧！

5. 按天性行動的自由
Freedom to Express Normal Behavior

是否準備了足以讓南美栗鼠開心地四處移動的飼育籠？
如果有多隻同居，是否有確保與個體數相符的空間？
是否有成員處於隱忍狀態？
如果只有飼養一隻，那麼飼主便相當於牠的同伴。南美栗鼠會想跟你一直待在一起。

Chapter 5

與南美栗鼠一起
生活

開始一起生活吧！

了解南美栗鼠的個性

南美栗鼠在生態系中屬於極弱小的小型草食性動物。

弱者對聲音很敏感，逃跑的速度也很快，尤其對南美栗鼠同伴之間互鳴的「警戒」聲會反應過度。突如其來的巨大聲響自不待言，音量不大但刺耳的聲音如果持續不斷或連續作響，有時也會導致牠們心神不寧。

如果不如此警覺就會被吃掉，南美栗鼠就是這麼弱小的動物。儘管如此，在小型草食性動物當中，牠們仍算是個性非常活潑開朗又積極的動物。

話雖如此，南美栗鼠不見得會在一開始就對遇見的人或動物展露友好的態度，時機與地點也會有很大的影響，因為牠們的首要之務便是確認對方是敵是友，所以必須慎重地思考。

無論飼主的行為表現得多麼溫柔而充滿愛意，如果突然伸出手或冷不防地觸摸牠們，南美栗鼠的直覺反應都是一陣驚慌。

以牠們的角度來說，會覺得自己的領域突然被魯莽地侵入了，便因恐懼與憤怒而急忙閃躲。

尤其是才剛到新家不久的南美栗鼠，一開始會拚命確認這裡是否安全。對於人類提供的飼育籠、擺放籠子的房間，還有飼主本身，直到確信絕對不會受襲之前都不會輕易地卸下心防。

然而，有些南美栗鼠會在短時間內完成確認，有些則要花較長的時間。

南美栗鼠是絕對可以適應新環境的動物，只要相信這一點，不要過於勉強牠們，按部就班地一點一點縮短距離即可！

與南美栗鼠互動的技巧

交流能力會在與人類
一起生活的過程中進化

一般來說，南美栗鼠從野生時期就對人類比較沒有戒心，以天性來說是較為友善的動物。人類如何持續進行交流，會讓動物的能力與情感產生莫大的變化。

換句話說，南美栗鼠會根據飼主的互動方式逐漸改變其生存之道。每天訴說充滿感情的話語並關懷備至，光是這樣就能把飼主的愛確實傳遞給牠們，牠們也會想對此做出回應而讓雙方的感情日益深厚。

當然，南美栗鼠也會記得名字，還能理解幾個簡單的單字。然而，牠們本來就和會與人類建立主從關係的狗兒有所不同，所以並不會刻意順從飼主的指示。

例如，對著南美栗鼠說：「○○，散步時間結束囉，回去吧！」即便牠們聽懂了飼主的呼喚，也會以「現在正忙著呢！」、「我還不想回去」這種自己的心情為優先，要不無視，要不往反方向逃走。如果遭到主人喝斥「不可以！」，南美栗鼠有時會表面上先暫時放棄那些禁止行為，但下一瞬間又會抱持著「我知道這樣不行，但我就是想做啦！」的心態，背著飼主偷偷地執行。

南美栗鼠是學習能力極高的動物，慾望也很強烈。「這麼做飼主很高興」、「被稱讚了」、「得到美味食物了」，只要反覆感受到這類興奮的情緒，牠們便會不斷積極地學習各種事物。南美栗鼠這種動物本來就具備喜怒哀樂分明的特質，飼主可以透過積極的對話傳遞各種情緒，使牠們擁有各式各樣的經驗，培育出更豐富的情感。

剛接回家時的相處方式

先在飼育籠中互動

即便抱持著「我想跟這隻龍貓寶寶一起生活!!」的強烈情感迎接牠們回家，但每隻個體都各有不同，有些本來就對人類比較有興趣，有些則天生靦腆。無論是什麼樣的孩子，不妨先從「你好，我們是一家人囉！」的交流開始著手吧！

剛帶回家的南美栗鼠心情都很複雜，混雜著興奮與恐懼。即便是一開始就積極跑到前方來的個體，牠們的內心仍是不安的。當然，也有一些南美栗鼠會躲起來，怎麼也不肯到前方來。

儘管如此，飼主的首要之務便是讓牠們明白「這裡是安全的」。為此，整備出一個「無不便之處又安全」的環境最為關鍵。不過在與人類同居的生活當中，更重要的是要讓牠們理解一件事：「人類是不會攻擊南美栗鼠的。」

可以讓南美栗鼠記住飼主的聲音與氣味，不妨每天盡可能語帶感情地柔聲呼喚牠們。

「主人好像對我說了什麼，不過什麼事都沒發生」、「他好像對我說了什麼，感覺很不錯」，不斷累積這類感受，便能建立起牠們對飼主的信賴。

等牠們對飼主的聲音或自己的名字有所反應之後，便可展開將手伸進籠中的互動，透過這種交流讓南美栗鼠記住飼主的氣味。

此外，有些人會在接南美栗鼠回家不久後，便想提早「讓牠適應環境」、「讓牠玩一下」，因而抱出來放進房裡。沒有自己的氣味、完全沒走過、沒有熟悉的人聲或聲響等，大部分的南美栗鼠在這樣的情況下都會陷入恐慌，會一心想著「逃到安全的地方」而開始尋找縫隙，一邊留意著不讓任何人看到，一邊奔跑鑽過一個接著一個的縫隙，最終躲到飼主搆不著的地方去了。

當然，還是有部分南美栗鼠會肆無忌憚地到處玩耍，但是與飼主建立了情感基礎之後，願意一起玩耍的項目會變得更多。為了避免南美栗鼠產生「沒問題，我可以一個人玩」、「反正我一直以來都獨自玩耍」這類感受，最好還是先透過飼育籠內的交流來建立信賴關係。

適應的步驟

取名並習慣人的聲音

　　人類的聲音，蘊含著比我們想像的還要深切的情感，聲音裡若充滿「珍愛著對方」的心情，就一定能夠傳遞出去。

　　一開始先從早中晚的打招呼與多次呼喚名字開始吧！即便躲起來或沒往這邊看，南美栗鼠也一定有在聽。

　　如此一來，牠們便會記住飼主的聲音並開始有所反應，尤其每一次用餐時都務必出聲搭話。對動物而言，進食是無比喜悅的時刻，遠遠超乎我們的認知。

　　然而，對部分南美栗鼠而言，如果主人長時間守在飼育籠的金屬網外，

一直叫著牠們的名字，會讓牠們產生莫大的壓力。不要硬是吵醒正在睡覺的南美栗鼠，也別突然大聲呼喊，最好觀察牠們的狀態再出聲。

試著用手供應食物

　　待南美栗鼠對飼主的聲音與存在有所反應後，就可以開始循序漸進地進行籠內互動。在成功交流之前，暫時不要勉強硬抱。

　　動物本來就對身體突然被觸碰格外警戒，即便已是呼之即來的南美栗鼠，不少個體也會因為飼主突然試圖觸碰而提高警覺。大部分的南美栗鼠會對伸入籠中的手掌感到害怕，所以不妨以握拳姿勢伸進去看看。

　　倘若無論如何牠們都對手感到畏懼，那麼試著在其空腹的時段，將食物放進握拳的手中，讓牠們聞聞氣味。如

果願意過來吃手指捏著的食物，便繼續餵食，慢慢將食物挪至手中或藏入掌心應該也是不錯的方式。

南美栗鼠在這個過程中會逐漸記住飼主手的氣味，還會試圖用自己的嘴巴或手來撬開飼主的手。

可以立即攤開手掌，或是稍微吊弄一下胃口，把手移來移去，以玩遊戲般的心情樂在其中應該會很有趣。

等南美栗鼠開始享受這種互動的樂趣後，便用握拳的手一點一點觸碰牠們的身體，嘗試肢體接觸。

可以順利觸摸以後，不妨試著張開手，用掌心那面慢慢撫摸牠們。

一開始不要期望太多，循序漸進地慢慢增加能夠觸摸的地方，會比較容易建立起彼此的信賴關係。

籠內交流

即便想到飼育籠外面，還是有很多南美栗鼠排斥被主人觸摸。透過每天的籠內交流，牠們會慢慢開始享受與飼主的互動，因此千萬不要放棄，請持續嘗試。

尤其是牠們想出籠卻辦不到的時段，有些南美栗鼠光是像這樣稍微陪玩一下，便能緩和其情緒，不要採取「散步時間還沒到喔！」、「不行喔！」這類否定式的交流，而是改用「我們來聊聊吧！」、「用手來玩遊戲吧！」等說法，為其轉換心情。

若在籠內互動還不足夠的狀態下就進行「屋內散步」，很可能變成南美栗鼠獨自玩耍的時間。

因為「和飼主交流很愉快」的這層認知尚且不深，將學會無視飼主的存在而為所欲為，所以最好先在飼育籠中培養出感情比較好。

只要按部就班地進行交流，很多南美栗鼠都會漸漸接受搔弄下巴底下的「抓抓」或「抱抱」行為，並且感到很開心。

先習慣人類的手

不要讓牠們覺得手很可怕

哇！嚇到我！

在還未建立信賴關係的狀態下，突然將手伸進籠內會害南美栗鼠嚇一大跳。

嗅一下手的氣味

聞一聞…興致勃勃!!

將手背悄悄靠近，讓南美栗鼠熟悉一下人類的氣味吧！

善用食物

裡面好像藏著好吃的東西？

等牠們習慣後，試著將食物握在手裡伸過去。

抱法

不建議強行把牠們抱起來。南美栗鼠本來就不是愛讓人抱的動物，然而，與人類一起生活時，彼此都必須習慣最低限度的抱抱。

希望大家事先了解，野生南美栗鼠一直以來都是在什麼樣的狀況下遭到捕食的。

牠們的視野廣闊，但敵人都是從上方、背部與後側等難以觀測到的地方襲來，因此從這些角度靠近牠們，會讓南美栗鼠受到不必要的驚嚇。

首先是好好地與牠們面對面，如果南美栗鼠沒看向這邊，則出聲告知自己的存在，並盡可能地對視，這是除了抱抱以外平常就要注意的重要事項。

抱南美栗鼠的方法有很多種，但哪一種方式較為適合則依個體而異。

有些南美栗鼠在飼育籠中會格外警覺而不願意被人抱，有些則是在「屋內散步」時不願意被摸，只有自己爬上主人的膝蓋上時才肯被摸。

如果光是從籠中走出來就令南美栗鼠害怕不已，那就必須先進行從籠內往外走的交流練習，否則要抱抱應該不容易。

假如一直放任「開著門讓南美栗鼠自己走出來」的狀況，最終牠們將變得完全不讓人類觸摸。

不妨先訂下某種程度的交流規則，比如要「屋內散步」的話就必須透過飼主的手掌或膝蓋的幫助，不抱一下

就不能移動至「屋內散步」的地方等。

無論是在飼育籠內還是在「屋內散步」的過程中，基本上要以捧起的方式往上抱。不可以從上方強行硬抓，或是不斷追趕逃跑中的南美栗鼠。

只要用「軟球滾過來，以手捧起來」時差不多的輕柔力道就足矣。

然而，捧起來的方式如果不穩，南美栗鼠會立即返回地面，不妨讓雙手掌心伸直，製造出能讓南美栗鼠兩隻後腳踏實著地的穩定感。

另外還有一點必須注意：南美栗鼠的天性是「受到衝擊驚嚇會掉毛」。這種身體構造是為了擺脫天敵的爪牙。

可能是因為南美栗鼠的身體比外觀還要小很多，因此牠們的天敵大多只抓得到毛吧？只要那些毛掉了，牠們就得以活命。

飼主的抱抱也是一樣的。以半吊子的方式抓牠們，會導致大量掉毛。或許有些南美栗鼠會大鬧一場，但基本上只要讓兩隻後腳維持穩定，並輕輕地支撐其腹部，南美栗鼠就能感到安心。

如果過度緊握，會讓南美栗鼠本能地以為被捕獲了，進而更加暴動，最好練習以最低限度必要的支撐來抱牠們。

坐著抱抱

① 坐在飼育籠前等待南美栗鼠走出來。

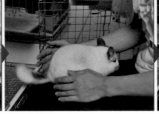

② 雙手貼在牠們的兩側。

③ 促使牠們往自己的身體方向靠。

④ 往上抱起來。

⑤ 使牠們貼緊自己的身體固定好。

⑥ 請撐著腳以確保穩定性。

站著抱抱

① 往飼育籠的入口伸出雙手。

② 等待南美栗鼠自己爬上來。

③ 待牠們爬上來後，用捧的方式往上抬。

④ 立刻貼向自己的胸口固定好。

基本的抱法

一手輕柔地撐著牠們的胸口，

一手讓後腳踩著維持穩定。

南美栗鼠所需的照顧

適應之前的清掃工作

在南美栗鼠適應環境以前，要根據牠們的狀態判別要進行何種程度的清掃工作。

比方說，因為擔心南美栗鼠是否有好好吃、是否有正常排泄，每排出一顆糞便就打開托盤或開門確認大小，或看見踏板上有顆糞便就慌忙將手伸入籠中取出，這些行為有時反而會對南美栗鼠造成壓力。

尤其牠們如果是為了將新的飼育籠視為自己的地盤，才刻意到處大便、尿尿的話，有時會因為無法確認勢力範圍而陷入不安。

維持南美栗鼠的健康，最重要的就是注意衛生。仔細打掃是非常重要的事情。

儘管如此，搬家之初，將手伸進籠中進行全面性的打掃，最好1天1次左右就好。

根據帶回家的時期或年齡，或許會大量掉毛。如果是每天頻頻進行砂浴的南美栗鼠，飼育籠附近也會因為鼠砂而髒得不得了。不妨一邊悄聲向南美栗鼠搭話，一邊積極地進行清掃。

只要使用對南美栗鼠無害的除臭劑或清潔用噴劑等，無須花太多時間即可清掃乾淨。

然而，如果牠們在可能會弄髒自己的地方尿尿，或是排出軟便的時候，則最好立即為牠們清理乾淨。

適應之前的清掃工作

□不要太仔細地清掃
□飼育籠托盤的清潔（每天）
□飼育籠側網的清潔（每2～3天）

適應之後的清掃工作

□拆下底網用水清洗（每月1～2次）
□飼育籠托盤的清潔（每天）
□便盆清潔（每天）
□木製品的水洗與日曬乾燥（隨時）
□布製品的清潔（隨時）
□食物盆的洗淨（隨時）
□飲水器的洗淨（隨時）
□玩具類的洗淨與更換（隨時）

適應之後的清掃工作

　　南美栗鼠開始信賴飼主以後，即便待在籠內也能順暢無礙地為牠們進行日常的掃除工作。

　　如果有使用便盆就清掃便盆，沒使用便盆的話，則須將尿尿的區域等處確實地擦拭乾淨。

　　在便盆底下撒些專用的木屑等，即有除臭的效果。然而，如果南美栗鼠會從便盆的底網伸手進去玩弄且吃下過多底材的話，則最好避免使用。便盆的金屬網如果生鏽了，就是應該更換的時候。飼育籠的底網也一樣，因為鐵鏽會弄髒南美栗鼠的身體，還會導致牠們生病或手腳受傷。

　　令人意外的是，木製品也是容易弄髒的飼育用品。最好噴灑可用於木製品的消毒用噴霧，偶爾以水清洗並徹底擦乾後日曬乾燥。飼養南美栗鼠時，大多會在飼育籠內裝設踏板等組件，每次打掃時，都要檢查接合用的金屬零件是否鬆了或壞掉。此外，飼育籠與金屬零件之間也很容易有鼠砂或掉毛沾附，拆下金屬零件時最好順便清理乾淨。

　　布製品可以利用膠帶滾筒（俗稱滾輪）這種掃除工具來去除髒汙，將表面的毛與灰塵都清理乾淨。當然，如果連布料本身都弄髒了，就要徹底洗滌乾淨才行。

　　食物盆只要有一點點髒污，就要清洗乾淨。

　　飲水器很容易生苔，而且南美栗鼠在喝水時，唾液或食物屑會滲入其中，導致瓶內變髒或使水因而變質。換水時，不妨用帶柄的刷子等工具仔細擦洗，以保清潔。

　　玩具類只要一弄髒，南美栗鼠就不玩了。如果可以的話就清洗，髒污洗不掉則更換。

　　牧草容易因為水分而腐壞。如果作為地板鋪材來使用，只要沾到尿液就要立即更換。置之不理很快就會發霉，造成皮膚病或臭味，因此一注意到就要馬上處理。

　　一旦底網或地板鋪材髒了，無論南美栗鼠如何勤做砂浴清潔身體，腳與身體還是會弄髒。尤其尾巴會摩擦地板，所以假如地板被尿液滲透的話，髒污與氣味都很難去除。最好經常拆下底網並徹底水洗，地板鋪材也要勤加更換。如果底網是很難拆下的款式，不妨頻繁地加以擦拭。

砂浴

砂浴的方法

砂浴是對南美栗鼠的身心都很重要的活動。南美栗鼠一直棲息於我們所難以想像的乾燥地區，因此會有皮膚過於乾燥的問題。為了禦寒，身上的毛變得茂密，而為了抵抗乾燥，皮脂腺會分泌名為羊毛脂（lanolin）的油脂，避免身體過於乾燥。砂浴似乎就是為了去除多餘的油脂而進行的活動。

最好盡量使用新鮮的鼠砂，一天讓牠們至少進行1次砂浴。每隻個體的情況不同，但1次砂浴大約5～15分鐘。砂浴容器有各式各樣的款式（參照P.49），請配合南美栗鼠的體型，選擇便於在容器內翻轉，且鼠砂不易飛揚四散的產品為佳。

大部分的南美栗鼠，只要鼠砂的量愈多就愈開心，假如想選小一點的容器，請選擇底部為圓形的產品，且使用較細的鼠砂，如此一來，2～3大匙的鼠砂即可供牠們好好沐浴一番。這種時候，鼠砂大多會消耗殆盡，即使還有剩，也最好每天更換為宜。

若是使用大容器並倒入大量的鼠砂，則必須將弄髒的部分倒掉，未使用到的鼠砂則妥善保存，以免有不必要的汙染。光是接觸空氣就會吸收濕氣，因此放置過久也是會失去效果的，而且還會提高南美栗鼠在裡面尿尿的可能性。

遭排泄物汙染後若繼續使用，非但無法達到清潔的目的，反而會愈洗愈髒，這點最好特別留意。

南美栗鼠最喜歡鼠砂的氣味。將鼠砂倒入容器後，放著便會吸收周圍的氣味，只要還是乾淨的，南美栗鼠仍可進行砂浴，但還是新鮮的鼠砂牠們洗起來更開心。

盡可能選擇較細的鼠砂

最好盡可能使用較細的鼠砂。南美栗鼠的毛十分密集，一個毛孔會長出約50～200根毛，打造出厚厚的一層毛皮，宛如毛毯般覆蓋著牠們的身體。因此，較粗的鼠砂無法接觸到皮膚，使得砂浴僅止於表層，有時還會導致油脂阻塞毛孔。

乍看之下以為只有毛髮變得乾爽蓬鬆，但較細的鼠砂其實比較容易接觸到皮膚，兼具洗淨毛孔之效。這樣的砂浴持續進行，即可使南美栗鼠長出大量健康的毛，毛量會變得更加豐盈。反之，如果只做表面的砂浴，毛的質感將會變差，連毛量也會減少。

只要有鼠砂，何時何地都能進行砂浴。連不小心溢出、掉落地板的鼠砂，也能讓南美栗鼠開始繞圈打轉，但有個容器會讓牠們比較有效率且舒服地進行砂浴。新鮮的鼠砂帶有砂子迷人的氣味，只要把鼠砂倒入容器中，南美栗鼠就會想進行砂浴而靠過來。

建議安排這樣的例行性活動：於屋內散步的尾聲設定一段砂浴時光，待南美栗鼠進入容器後，再連同容器一起放回飼育籠中。

為紓壓而進行的砂浴

砂浴的目的並非只是為了去除油脂或髒汙，其效果如同人類泡澡，除了洗淨身體之外，還能放鬆、轉換心情，使人出於本能地產生舒服的感受。

南美栗鼠只要遇到驚嚇或討厭的事情，就會頻繁地進行砂浴。「啊～真舒爽！」的感覺會讓牠們心滿意足、消除壓力。

因此，假如發生對南美栗鼠而言身心都不愉快或不如意之事，只要盡量讓牠們頻繁進行砂浴即可。

氣候特別難熬的炎熱時期、濕氣高的時期，還有冷熱溫差大的時期，南美栗鼠的毛容易變得濕濕黏黏的，進而累積精神上的壓力。

為了培育出健全的身心，充分的砂浴是不可或缺的。

容器與鼠砂的管理

砂浴的容器可以一直放在飼育籠中，或是要進行砂浴時再準備，兩者皆可。

砂浴要如何管理全憑飼主決定，但是絕對不能因為鼠砂會飛揚就不讓南美栗鼠進行砂浴。

如果南美栗鼠很喜歡砂浴用的容器，亦可作為牠們的休息小屋或床鋪來使用。

鼠砂在使用之前要確實密封，避免高溫多濕，存放於陰暗處。鼠砂一旦吸收了濕氣，有時即便外觀無異，效果仍會大打折扣。

毛的打理

南美栗鼠的梳理

日本至今都認為南美栗鼠不需要刷毛、梳理。的確，只用刷子或梳子把毛梳開的作業或許並非必要，因為南美栗鼠是受到衝擊驚嚇就容易掉毛的動物，若以不順的手勢用刷子大力地梳，有時會把毛連根拔起。

此外，即便是梳子，如果使用的是又寬又粗的狗或兔子專用齒梳，感覺毛會都沒梳開。這是因為南美栗鼠的毛又細又軟，齒梳很難梳進去。

不過如果使用貓的除蚤梳那般細密的梳子，又很容易卡住而梳不開。

南美栗鼠的毛較為特殊，因此光是選擇梳理工具就是一道難題，假如使用不合用的工具且以不順的手勢來刷毛，非但無法順利進行，毛還會卡住，或使刷子直接接觸皮膚，導致南美栗鼠感到厭惡。

只要飼育於溫度與濕度適宜的環境中，並確實進行適合該個體的砂浴，就沒必要積極地為牠們梳毛。

然而，日本的氣候並不適合南美栗鼠，因此若疏於砂浴，或是未保持衛生，牠們毛髮的質感轉瞬間就會變糟。

再加上南美栗鼠每年都會有幾次換毛期，季節交替之際或冷熱溫差大的時期，有時會大量掉毛。這種時候，為牠們清理髒污或掉毛，的確能減輕其壓力。

透過砂浴等方式無法順利清除的掉毛，會潛藏在毛與毛之間。南美栗鼠的毛比兔子還要細且輕，因此容易殘留在身上。

毛量的差異也會影響掉毛的殘留量，有些稍微拍打就能徹底去除脫落的毛，有些則是愈拍愈卡進裡面。最好仔細了解自己所養的南美栗鼠的毛質，再去思考如何應對。

那麼，所謂的梳理是指什麼呢？刷毛並不等於梳理。

梳理原本是指動物為了維持自己身體的衛生而一邊檢查身體一邊理毛，或是同伴之間進行的身體打理。

寵物美容師所提供的狗狗梳理服務，則意指刷毛、泡泡浴、修剪趾甲、清耳朵、擠肛門腺、肛門周圍護理、腳底護理等全套的身體保養。

南美栗鼠也是一樣的。即便不需要刷毛，和人類一起生活的動物還是需要在人類的管理下進行身體打理。

應該也有南美栗鼠很容易弄髒屁股四周，或是因為生病而一下子就弄髒身體。透過梳理可以順便做細微的身體檢查，經常能藉此早期發現疾病。

然而，不能強迫式地進行，如有疑慮，不妨洽詢專家或獸醫師。

此外，除非是格外緊急的時刻，否則請不要為南美栗鼠清洗全身。

刷毛的方式

南美栗鼠的毛很容易飛揚，因此一開始請先稍微沾濕雙手，或是在手上噴灑一些梳理噴霧等，讓南美栗鼠表面

的毛變得濕潤後再進行，應該比較理想。像在慢慢按摩般用手撫摸身體表面，此時如果反覆以所謂的「逆毛方向」，即從屁股往頭的方向逆向撫摸，身上就會掉落大量的毛。切忌使勁地亂梳一通，以免連不需要清掉的毛都被拉扯下來。如果是身上比較容易殘留掉毛的南美栗鼠，光是像這樣用手梳理就頗具效果。

若是使用刷子來梳，最好抱持著「僅回收掉毛」的想法。刷子無法完全整順南美栗鼠的毛流。刷毛部位不要太過深入毛中，只求快速回收停留於表面的掉毛即可。待毛仔細刷開以後，再用梳子梳理。讓梳子與身體表面平行，像滑過般一一將毛梳開。此時如果毛卡住了，那個部位就先暫且往上慢慢放鬆力道，循序漸進地反覆這個動作，毛就會漂亮地梳開來。

為南美栗鼠剪趾甲

南美栗鼠的趾甲形狀特殊，像貓、狗與兔子般，不會一直筆直地變長。前腳的趾甲極小，後腳趾甲的形狀則猶如人類大拇趾的趾甲一般。在正常的狀態下幾乎不會長長，不過有時還是會因為運動量的差異、日常生活中活動的習

慣、奔跑的方式等而變尖或多少變長一些，抱的時候會讓飼主很痛，被踢甚至會造成嚴重傷口。

　　如果真的很痛的話，就拿人類用來剪捲甲的指甲剪來修剪，或以銼刀修磨。如果南美栗鼠不習慣剪趾甲會很危險，請不要強迫進行。

其他照顧

● 腳底

　　因為飼育籠的構造而經常從高處奮力跳到地面上、在較硬的地方胡亂進行三角跳躍或踢腿、常待在髒汙的地方等，因為千奇百怪的理由，導致南美栗鼠的腳底髒兮兮、形成角質、肉球歪扭或受傷，以及後腳跟裂開。如果置之不理，有時裂開處會惡化而使後腳跟無法著地。

　　飼主最好為牠們構思能降低衝擊的籠內布局，並小心避免南美栗鼠進行太高難度雜耍般的「屋內散步」。塗抹保濕劑等護理也頗具成效。

● 耳朵

　　南美栗鼠不會流汗，因此當體溫上升時，會利用耳朵來散熱。體溫若忽上忽下，有時整個耳朵會因為乾燥而變得乾巴巴的，只要做好適度的保濕就無須掛心。

　　此外，耳朵一旦受傷了就不會復原。南美栗鼠的耳朵極薄且易裂，很容易受傷。被咬過一次的地方會留下凹凸不平的傷痕，且一直呈現裂開的狀態。

　　另外，牠們的耳朵幾乎不會明顯

堆積大量耳垢，但會因為耳朵較大、毛量多而體溫容易上升，或是環境等因素而變髒。利用沾濕的脫脂棉花或棉棒擦拭，即可大致變乾淨。不過牠們的耳內極為敏感，因此切忌勉強清理。

● 眼周與鬍鬚

　　觀察眼角是否有眼屎、眼周是否有傷痕等。若有令人在意之處請不要自行判斷，最好去一趟醫院。

　　此外，吃完黏黏的食物後，有時也會弄髒鬍鬚。而嘴巴等處如果有受傷出血，有時鬍鬚上也會沾到血液，若未立即擦拭，就會染上顏色而擦不掉。

● 屁股四周

　　這個部位經常會被尿液或糞便弄髒，除了重新檢視地板鋪材或底網的洗淨頻率以外，最好也思考一下為何會弄髒。如果屁股老是被尿液弄髒，對彼此都會形成一種壓力。

　　有時是因為牠們尿尿的習慣獨樹一格，有時則是排尿的方式有異狀，甚至是由於膀胱炎等疾病導致無法自行控制排尿等，所以重新審視環境及打掃頻率後如果仍經常弄髒，不妨諮詢獸醫院看看。

其他生活要事

如廁教學

　　一直以來，都說南美栗鼠記不住如廁位置，但仍有些孩子能夠記得一清二楚。當然，有些孩子完全記不起來，但也有可能會在某個霎那間突然記清楚了。反之，也有出於環境變化等理由而不再使用便盆的狀況。儘管如此，只要還有一絲可能性，有愈來愈多人仍會為牠們設置便盆。

　　若希望南美栗鼠盡量在固定處尿尿，可試著設置已沾有該鼠尿液氣味的便盆。牠們在排泄時也極有危機意識，會盡量挑個安全的地方。如果安全場所不多，就會在自己稍微能安心的地方、砂浴容器或平常睡覺的地方排泄。這種時候不妨改變布局，增加令其安心的場所。另外，也有一些南美栗鼠會依腳底的感覺來決定。喜歡布的觸感？還是牧草、金屬網？又或者是木製品？這些都依每隻個體而異。不妨先了解自己所養的南美栗鼠，再利用牠們的特性來誘導其如廁。

　　如今，便盆的種類也五花八門，塑膠製品太輕而容易啃咬，有時會遭到破壞、挪動或翻覆。最好選擇有一定程度重量、不會被咬壞，且可穩穩安置固定的產品為佳。大部分都是使用兔子專用品來替代，如果上面的金屬網不適合可拆掉再使用，或者重新評估是否有更好的商品。

　　南美栗鼠一天的尿量比兔子等寵物少很多，如果養成勤於打掃的習慣，即便牠們不記得如廁的位置也不成問題。此外，南美栗鼠攝取的水量也很少，會在體內徹底利用水分，因此排出的是近似於濃縮尿的深色尿液。剛排出時幾乎無味，但如果疏於清掃而放置過久，就會奇臭無比。最好利用木屑或如廁砂，並且用心勤打掃，格外留意避免散發出臭味。不衛生的環境不但是疾病之根源，南美栗鼠本身也會感到極為不適。

啃咬的理由與應對措施

【撒嬌式啃咬】

　　南美栗鼠在嬰兒時期吸吮媽媽的奶，是出於本能的撒嬌行為。牠們會藉著讓媽媽舔屁股或嘴巴來確認母愛，正因為這樣，牠們有時也會透過嘴巴來表達愛意。因為是在撒嬌時啃咬飼主，所以常常會不懂得控制力道而咬疼了，或是因為手指圓鼓柔軟的感覺很有趣而咬個不停。隨著成長會逐漸學會拿捏力道，或是不再這麼做。此外，牠們有時也會在不懂得掌控力道的狀態下為對方理毛，作為愛意的表現。

【誤以為是食物】

　　有些南美栗鼠是因為食慾旺盛而啃咬，有些則是太過著急，常發生於正被限制飲食的個體身上。因為從小飼主就是用手指提供牠們食物，所以記住了手指的氣味，光是看到手指就興奮地以為「食物來了！」，以致未經確認就一口咬下去。盡可能先跟牠們打聲招呼再靠近，避免在出聲之前就把手指伸出去。如果已經成了習慣，不妨改以手背等來進行交流，提供食物時也把食物放在五指閉合的掌心中，藉此來加以矯正。

【發情時】

　　尤其是年輕的雌鼠，發情期間會對自己的身體或勢力範圍變得異常敏感，有時會因一點小事而興奮不已，或露骨地表現出警戒心而主動咬人。年輕雄鼠若因發情而過度興奮，也會心浮氣躁而無法做出冷靜的判斷，甚至會衝撞飼主。這些只是暫時性的狀況，最好盡可能不要去驚擾牠們。如果因為打掃時將手伸入飼育籠中而被咬了，可盡量趁南美栗鼠不在時清掃，不要造成不必要的焦慮，這些顧慮都是必須的。相處時，請避免讓牠們過度興奮，並保護好自己不被咬傷，靜待這段時期過去吧！

　　說到南美栗鼠的性成熟，雄鼠始於出生後3個月～半年左右，雌鼠則發生於出生後4～8個月左右。有些雌鼠在首次發情時會出現攻擊性，可能是感覺到身體有異常狀況而開始愛惜自己的身體，飼主如果突然觸摸就會以啃咬或噴尿進行攻擊。此時若糾纏不休，反而會更加激怒牠們。

　　當南美栗鼠因首次發情而變得充滿攻擊性時，不妨等幾個月，待其回歸平靜。當然，也是有一些雌鼠並沒有出現任何變化。

　　此外，一般雌性成鼠的發情週期會依時期或每隻個體的體質而異，通常是30～50天左右，在那段期間中有約2～5天為發情期。也有部分雌鼠只有這段期間會變得具有攻擊性，在發情期過後即恢復原狀。雌鼠因發情而產生的攻擊性會有個體差異，且大多都只是暫時性的，不妨留意個別的相處方式。

　　雄鼠一旦性成熟，便隨時皆可交配。不過唯有在附近有發情雌鼠的情況下，才會讓雄鼠因發情而過度興奮。只是，無論是雄鼠還是雌鼠，有時也會因為碰見看不順眼的對象而激動異常。

【曾受過驚嚇】

日常的相處方式，也會讓南美栗鼠有害怕的感受。在尚未與飼主建立信賴關係的時期，飼主若冷不防地從飼育籠上方的門開始清掃、在未對視的情況下把手伸進籠中、從背後突然抓住牠們或在睡覺時觸摸牠們等，假如持續這類令南美栗鼠驚嚇不已的行為，使其無一刻安寧，有時牠們就會出於恐懼而產生攻擊性。

此外，倘若勉強執行不符合其代謝量的飲食限制，也會讓牠們的身體總是處於飢餓的狀態，容易成為焦躁不安的孩子。

【有心理陰影】

這是較為嚴重的攻擊性，必須投注時間為其消除心理陰影。有些是明顯受到虐待的身心傷害，有些則是因為人類採取的相處方式不適當而持續讓南美栗鼠感到恐懼。

如果是領養轉讓原因不明的南美栗鼠、成為受虐南美栗鼠的保護者，或是接回已經多年賣不出去而在商店一隅逐漸消瘦的南美栗鼠，牠們的身上大多都背負著這樣的過去。此外，若以無法飼育多隻個體為由而轉讓，假如南美栗鼠曾有隔著飼育籠大打出手的記憶，來到新家後也很難改變「周遭敵人四伏」的認知。若出於憐憫而接手，就必須有所覺悟：是否能夠持續與其嚴峻的過去打交道。

像這樣的情況更需要認真思考如何避免被咬。一旦不小心被咬了，南美栗鼠就會留下「因為太害怕所以咬了下去」的記憶，致使內心陰影更難消除。必須幫牠們把記憶置換成「這裡沒什麼好怕的」。

平日多與南美栗鼠交談，無論要做任何事都要好好與牠們面對面。不妨這樣向牠們說明：「現在開始我要做某件事，拜託配合我一下。」

與南美栗鼠的互動當中，最重要的是打造「無須斥責」的環境，飼主在相處方式上也需要下功夫。在面對南美栗鼠啃咬的狀況時，不可以很兇地罵牠們，因為斥責的音量和主人的生氣程度都會激化牠們的恐懼感，結果使牠們為了自保而產生更嚴重的攻擊性。

針對「咬飼主」的行為，不被咬的預防措施相當重要。具有攻擊性的啃咬習性必須投注時間才能矯正，請務必考慮到南美栗鼠的心情，慢慢與之相處磨合。

讓南美栗鼠看家的方式

平常的看家

飼主的生活模式應該大多都是白天出門上班，晚上才回家。

南美栗鼠在飼主外出的白天幾乎都在睡覺，因此比起飲食，更希望大家留意溫度管理。

不知該不該開空調的季節，其實比夏天更需要留意。早晚飼主在家的期間氣溫較為涼爽，但白天通常溫度都會上升。

如果可以的話，希望大家利用可記錄最高溫度與最低溫度的溫度計來加以檢視。這個溫度計請設置於飼育籠附近，離南美栗鼠經常放鬆休息的地方愈近愈好。

反之，假如是晚上比較常不在家的話，半夜期間至清晨有時會極冷，因此必須格外留意。

這個時段飼主就算在家也大多已就寢，比較難以察覺，要特別注意。

外宿1晚以上

切忌外出數天，將南美栗鼠置之不顧。如果要外宿1晚以上，最好善用寵物旅館，或是找個可以到家裡幫忙照顧的人。

萬一因為上夜班或有急事，而需徹夜外出，不僅要做好前述的溫度管理，還務必確保水與牧草不會用盡，脫水症狀可是會讓南美栗鼠的身體狀況急轉直下的。

不妨裝2瓶水。此外，地板如果鋪設底網，為了避免牧草掉到網子底下，最好使用1個以上的牧草盒，備好大量牧草後再出門。

如果南美栗鼠在小屋或喜歡的地方尿尿，身體會在飼主外出期間弄髒，所以必須下點功夫，事先增加南美栗鼠喜歡的場所、做好防髒的措施等。

另外，如果南美栗鼠對一片寂靜或一片漆黑會感到害怕，最好也考慮在可行範圍內播放音樂或點亮常夜燈等。

對於很喜歡飼主的南美栗鼠而言，即便只外宿1晚，也會備感寂寞而不安。要外出時，不妨用充滿愛的聲音向牠們說明。

帶到室外的方式

必須先讓南美栗鼠習慣

　　南美栗鼠是種極具學習能力的動物，歷經過一次的事或狀況都會牢記。只要多經歷幾次，即可理解究竟是怎麼回事。為了將緊急時刻的壓力降至最低，最好多少讓南美栗鼠先體驗幾次不具危險性的外出。如果保護過度，有時遇到緊要關頭時，牠們會因無法適應而徒增困擾。

　　比如首次外出就是因為生病而要去一趟動物醫院，在這樣的情況下，除了生病的症狀之外，大多會發生因為害怕而什麼都不吃、胃功能變差等狀況。必須緊急動手術或住院時，南美栗鼠如果已有「曾經外出且因為健檢等目的而見過獸醫師」的經驗，所產生的壓力會和「一切事物都是第一次經歷」的情況大不相同。

　　與其讓牠們突然間承受龐大的壓力，不如一點一滴經歷一些小壓力，事先適應，這麼做能讓解決問題的可能性提高許多。

　　只要不是離乳不久的幼鼠、過於高齡的個體或是已經生病了，不妨在不勉強的範圍內，試著以每個月1次左右的頻率外出。從徒步外出到搭電車、開車等，最好配合自家寵物的特性來思考外出地點與方式。等到稍微適應之後，再帶去之前購買的商店或接受健檢的動物醫院，飼主如果是一個人住，帶回老家玩應該也不錯。因為很難喝阻其惡作劇，最好不要隨便帶去人群擁擠處，或參加人山人海的活動等。

帶著走的方式

　　外出是使用小動物專用的外帶提箱。布製品或過小的產品很可能會讓南美栗鼠逃走，因此必須是能讓身體微微側躺的大小，且盡可能挑選簡潔不易破壞的產品。南美栗鼠的集中力與破壞力可是超乎想像的！

　　此外，在「屋內散步」期間，請先將外帶提箱擺放在南美栗鼠的行動範圍內，牠們就會跑進去玩耍，降低對提箱的警戒心。

　　外出時，不妨盡量以溫柔的聲音和南美栗鼠說話。外帶提箱內必須做好措施預防被尿液弄髒。如果直接鋪上寵物尿墊，有時會被南美栗鼠吃下肚，所以要格外注意。

　　務必放入牧草。設置好飲水器之後，有時會在移動中弄濕牠們的身體。假如只外出幾個小時，沒有水應該也無妨。如果時間較長，則一定要裝設。

「屋內散步」的方式

「屋內散步」不單純只是要讓南美栗鼠運動而已，透過活動身體可讓骨頭與肌肉健全成長，並消除精神上的壓力，而可以自己選擇去向的自由，則滿足了南美栗鼠的探索心，可回應因為好奇心所產生的慾望。

此外，和南美栗鼠待在同一個空間裡一起玩耍，也是為了加深飼主與牠們之間的交流。

然而，先提升飼育籠中的交流、加深信賴關係後，再展開「屋內散步」，歡樂程度應該會有所不同。信賴關係愈深厚，南美栗鼠和飼主一起玩會愈開心。

第一次「屋內散步」時，待在沒有自己氣味的世界裡，會讓南美栗鼠有點緊張，小心翼翼地靠近第一次看到的東西，或是反覆地躲進暗處，直到確定這裡不會遭誰攻擊之後，才能安心地開始四處奔跑。

當然，每隻南美栗鼠檢視環境的方式各有不同，有些比較慎重，有些則較為隨意，牠們適應「屋內散步」會有快慢之分，興趣也各不相同。

然而，如果只是放到空無一物的寬敞空間，南美栗鼠也會覺得十分無趣。不過如果處處都能藏身，搞不好會從頭到尾只從一個躲藏處移動至另一個躲藏處喔！

漸漸習慣「屋內散步」以後，只要時間一到，南美栗鼠就會因為即將走出籠外而感到興奮不已。出來以後說不定還會忙於檢查勢力範圍，任飼主怎麼呼喚都不回頭。若是勉強干擾，有時還會被討厭。

儘管如此，一完成探索與檢查，應該就會在飼主的身上爬上爬下了吧。此時便是交流的最好機會。

若正值開空調的時期或寒冷的嚴冬，南美栗鼠躲藏的角落或四處奔跑的地板都會冒出寒氣，所以牠們有時會在「屋內散步」時著涼了。

為了南美栗鼠著想，不妨在牠們「屋內散步」時的隱身處或地板鋪上軟墊等，既有暖和的效果，又能避免牠們腳滑且不傷腳底。

從籠中放出來與返回的方式

　　要將南美栗鼠放出飼育籠外時，「門一打開，牠們就火速跑走」或許已成為固定戲碼。展開「屋內散步」對南美栗鼠而言，意味著接下來將有非常開心的事在等著牠們，所以是進行簡單互動的好機會。盡量不要讓南美栗鼠過於自由，先訂下抱抱或身體接觸等作為每次出籠的規則，交流就會漸入佳境。反之，要返回飼育籠時，最好不要觸碰身體，否則會讓南美栗鼠認定「抱抱或觸摸＝回籠」，結果開始討厭被摸。將「屋內散步」的時間設定為用餐前或砂浴前，這麼一來只要把結束的信號設定為用餐或砂浴，應該就能順利讓南美栗鼠返回籠中。

玩耍時間

　　長度會因南美栗鼠的運動量與性格等而有很大的個體差異。「屋內散步」時有時無，最容易對牠們造成壓力，因此最好在飼主不勉強的範圍內設定好固定時間。對南美栗鼠而言，「沒有屋內散步」與「即使只有5分鐘仍有屋內散步」大不相同。然而，每天的散步時間只有5分鐘左右未免也太短了。假如前一天的散步時間較短，那麼隔天南美栗鼠或許會遲遲不願回籠。不妨讓牠們比平常多玩一會兒，把時間設定為30分鐘至3小時，彈性大一點。對南美栗鼠而言，時間愈長愈開心，但如果會在中途躲藏不出，則先估算其躲藏時間，再來決定「屋內散步」的時間。

使用柵欄時

　　要是只在柵欄圍起的區域內進行「屋內散步」，而裡面空無一物，南美栗鼠一下子就待膩了，便會開始滿腦子只想跑到柵欄外。可以的話，請在柵欄內放置休息小屋或隧道，打造成歡樂的場所。南美栗鼠可以攀爬網子爬到高處，還能進行三角跳躍、輕鬆跳到大約1m高的地方。使用無屋頂的柵欄時，飼主也可以進去一起玩，比較能避免牠們逃脫或感到無聊。

　　此外，不妨試著下點功夫，讓南美栗鼠對柵欄外不感興趣，比如在柵欄上蓋上布等等。

　　無論是遊玩方式還是時間設定，每隻南美栗鼠的「屋內散步」模式各有不同。先試著了解牠們的偏好，再好好地享受「屋內散步」時光吧！

複數飼養可行嗎？

南美栗鼠是活潑開朗且個性豐富的動物，每一隻的性格都明顯不同，再加上毛色變化增加等因素，開始飼養複數個體的人與日俱增。

體重不到1kg，而且大小單手即可掌握的小巧特性，或許也加速了此項趨勢吧。

連海外都很盛行一次飼養多隻南美栗鼠，牠們就是這麼充滿魅力的動物，吸引我們的地方更是一言難盡。

還有一點可以肯定的是：那絕對可以成為歡樂的大家庭。

雖然複數飼養的樂趣與喜悅會增加2至3倍，令大家期待不已，但其中卻隱含著只要稍有差池，就會面臨飼育失敗的危機。為何會發生複數飼養失敗的情況呢？

最大的理由，便是「無法繼續照顧下去」了。南美栗鼠的照顧與交流一開始都很令人愉快，但是在牠們的漫長壽命之中，有時飼主會漸漸失去這種感受。這有可能發生在任何人身上。

自己的人生肯定多少有些波瀾，每個人都會面臨人生重大階段。即便如此仍要努力克服，這是下定決心與動物一起生活的飼主的責任。

如果只飼養1隻，或許在不知不覺間就熬過去了，但數量一多，有時光用想的就不堪負荷。

比方說，如果經濟變得不穩定，會發生什麼事呢？飼養的數量愈多，面臨的衝擊應該會愈大，更不用說遇到南美栗鼠接二連三生病的狀況，有些人會因為這筆治療費用而考慮棄養。

此外，如果飼主或家人不幸過敏了，又當如何？下定決心與動物一起生活之前，請務必先接受過敏原檢測。有些人天真地認為「目前一起生活都沒問題」，結果在動物數量增加之後，才突然出現嚴重的過敏症狀。

那麼，如果遇到出差、轉職或必須住院的疾病等，該如何是好？有人可以幫忙照顧嗎？如果只有1隻，很快就能找到代為照看的人，數量多的話，要找到願意收留的人應該不容易。

遭棄養的南美栗鼠，下場都是極為悲慘的。請大家不要明知道很難被發現、會遭到捕食、無法存活，重新受到保護的機率極低，仍將牠們丟棄於黑暗之中。

另外，還有一種是持續所謂「養到死」的狀態直到死亡，即便飼主並無此意，但只要沒做到適當的飼育，即與此無異。這被定義為遺棄或虐待，可根據動物保護法開罰。

為了避免自己淪落至此，請勿過於自信，請冷靜考慮後再判斷是否適合飼養多隻個體。

複數飼養的注意事項

如果正在考慮迎接下一隻南美栗鼠，最好根據現在所養的個體之性格、年齡與性別，慎重地挑選。

若是出於先入住的南美栗鼠「不可愛」、「不親近人」、「和自己不契合」之類的理由而想飼養下一隻南美栗鼠，請重新考慮「與南美栗鼠一起生活」這件事。如果無法與1隻個體好好相處，養再多隻情況都不會有所改變。

在迎接下一隻南美栗鼠前，飼主務必要與先入住的南美栗鼠維持堅定的信賴關係。多隻飼養時，最該留意的便是不要讓先來的寵物傷心。如果是幼鼠階段，大多會認爲自己有了夥伴，但如果是1～2歲的南美栗鼠，競爭意識會變高，3～5歲則多會對自己的處境感到不安。如果年屆10歲左右，有時會誤以爲是來自其他族群的襲擊者，年齡再大一點的話，可能會感到悲傷。如此這般，在不同的年齡階段，或許會對南美栗鼠造成各種精神上的傷害，請大家一定要將這點放在心上。

此外，南美栗鼠的感受也會因個性而異，不同個體會出現各式各樣的反應，但先入住的南美栗鼠一開始感受到的都是：對方是入侵自己領域的可疑人物。「現在一起生活的是男孩，所以如果接回一隻女孩，他肯定會很高興。」這種想法不見得正確。除了發情期以外，無法和睦相處的怨偶也不在少數。

雖然南美栗鼠是群居動物，但最好不要不顧慮其心情就隨意飼養複數個體。群體之間必須花時間建立信賴關係，並確立職責分擔。若在無信賴基礎的情況下就突然待在一起，可能會大打出手，或是有一方感到有壓力而沒了食慾或身體狀況變差。

卽便隔開飼育籠，敏感的南美栗鼠有時光是聞到新來個體的氣味就會反應過度。直到習慣彼此的存在之前，最好避免不合理的接觸，比如其中一方在「屋內散步」的過程中往另一方的飼育籠中窺探，或是讓牠們一起「屋內散步」等。不妨讓牠們慢慢習慣生活在同一個空間之中。

最重要的是，凡事要以先入住的南美栗鼠爲優先。飼主應該會忍不住特別在意新接回來的孩子，但還是要默默按捺住這種心情，冷靜、公平而且以先入住的南美栗鼠爲優先來進行照顧與交流。

希望能愉快地一起生活而迎接新成員回家，結果造成原本的成員爲此感到悲傷或身體狀況變差，這是非常令人難過的事。假如原本的南美栗鼠忌妒新成員而展開攻擊或加以欺負，彼此都會變得不幸，飼主務必費神居中調解。

「最喜歡你了！」

～ 在 離 別 之 時

大部分的情況下，
我們所愛的動物都會先離世，
而我們為此悲慟不已，
感到傷心欲絕。
應該也有人因此不養寵物了吧？

所謂的愛，
既無形體又看不見，
不覺得傳遞愛意很困難嗎？

但是呢，如果沒能傳達出去，
一定會後悔莫及。
所以，希望大家每天都大聲地說：

「最喜歡你了！」

為了珍惜地度過當下的每一刻，
請把愛化為言語。

說一句：「最喜歡你了！」

真是無比幸福。
南美栗鼠和自己的臉上
都將洋溢著快樂。

「最喜歡」這個字彙裡，
蘊含著難以計量的愛情能量。

當南美栗鼠生氣的時候，
直視著牠說聲：「最喜歡你了！」

當南美栗鼠無精打采的時候，
撫摸著牠說聲：「最喜歡你了！」

當南美栗鼠害怕的時候，
擁抱著牠說聲：「最喜歡你了！」

請日復一日、隨時隨地，
持續說著：「最喜歡你了！」

畢竟不知何時就沒機會說了，
也不曉得南美栗鼠何時會離開。

所以不要遲疑，好好愛牠吧。

不要想著各種例外，
注視眼前這個孩子就好。

從手掌心，從身體裡，
傳達出「最喜歡你了！」的想法。

即便有一天無法再觸摸到你，
還是會永遠永遠都……

「最喜歡你了！」

Chapter 6

南美栗鼠的
進階知識

南美栗鼠的分類

屬於齧齒目動物

動物分為脊椎動物與無脊椎動物兩大類。脊椎動物是指有脊椎的動物，又分為哺乳類、鳥類、爬蟲類、兩棲類與魚類。無脊椎動物則是沒有脊柱或脊椎的動物，指脊椎動物以外的所有生物，從昆蟲類乃至眼蟲屬等，都含括在內。

脊椎動物的5大類可以按以下原則簡單分類：在體內孕育孩子的動物為哺乳類，而產卵的動物則隸屬於哺乳類之外；卵帶殼且有羽毛的動物為鳥類，而卵帶殼且有鱗片的動物為爬蟲類；卵無殼而身體覆有一層黏膜的動物為兩棲類，卵無殼、有鱗片、終生以鰓呼吸的動物則為魚類。

南美栗鼠被分類為哺乳類中的齧齒目（齧齒類）。哺乳類也是非常龐大的族群，不過據說當中佔了約半數的物種就是齧齒目。

齧齒類的特徵在於「牙齒」

齧齒目最大的特徵在於牙齒。所有牙齒或只有門牙（前牙）一生都會持續生長，稱為常生齒。

南美栗鼠的門牙（前牙）為上下各2顆，臼齒（後牙）則是上下左右各4顆。全部加起來一共20顆牙齒。（齧齒目中，以倉鼠為代表的鼠類或松鼠的同類都只有門牙會持續生長。倉鼠的牙齒為16顆不等，

也會依物種而異。）

齧齒目沒有像貓狗般的犬齒。一般認為，犬齒是捕捉獵物用的武器。換句話說，南美栗鼠並非會捕捉獵物的物種。

再加上門牙又薄又尖銳，臼齒則呈底座穩固的四角形，這種形狀是為了先用門牙切斷叼起的食物，再用臼齒磨碎來吃。

換言之，南美栗鼠需要的，是這一類食物，一直以來都是利用此種機制來磨耗一生持續生長的牙齒，以維持齒列一致。

為什麼都叫「金吉拉」？

南美栗鼠（英文名稱為Chinchilla，音譯為「金吉拉」）經常被誤認為兔子，但兔子屬於兔形目。最大的差異在於，兔子有4顆上排門牙（前牙），而且牙齒總數多達28顆。此外，兔子中也有名為「金吉拉」的品種及「金吉拉色」，這是因為與南美栗鼠的毛色相近而以此命名。

貓咪當中也有名為「金吉拉」的品種，同樣是因為近似齧齒目的南美栗鼠而如此命名。

動　物
- 無脊椎動物
- 脊椎動物
  - 哺乳類
    - 齧齒目
      - 松鼠形亞目
      - 河狸亞目
      - 鼠形亞目
      - 豪豬亞目
        - 美洲栗鼠科
          - **長尾南美栗鼠**
          - **短尾南美栗鼠**
          - **Costina**
        - 豚鼠科
        - 八齒鼠科
        - 等等
  - 鳥　類
  - 爬蟲類
  - 兩棲類
  - 魚　類

學　名

哺乳綱（Mammalia）齧齒目（Rodentia）

　美洲栗鼠科（Chinchillidae）

　　栗鼠屬（*Chinchilla*）

　　　長尾種（*C.lanigera*）

　　　短尾種（*C.brevicaudata*）

　　　Costina（*C.costina*）

IUCN的正式英文名稱

長尾南美栗鼠

long-tailed chinchilla

短尾南美栗鼠

short-tailed chinchilla

關於IUCN請參照P.171

南美栗鼠是什麼樣的動物？

野生的生活

野生南美栗鼠棲息於南美洲西側的安地斯山脈全域。主要生活在標高2000m至5000m左右的山上。

一般認為，野生的南美栗鼠有長尾、短尾與Costina 3種，我們所飼養的南美栗鼠的祖先，即為野生的長尾南美栗鼠。

目前已確認仍在野地生存的短尾南美栗鼠寥寥無幾，而Costina是否還有野生個體則仍待釐清。

安地斯山脈的氣候，依標高而有極大的差異，標高愈高則氣候愈嚴峻。據說南美栗鼠為了躲避天敵，長期棲息於濕度接近0%且降至冰點以下的寒冷乾燥地帶，因而形成那一身厚實的毛皮。由於幾乎不下雨，所以南美栗鼠的飲水量也極少，靠著舐食融雪水、霜或露水度過，體內似乎構成了一套僅憑少量水分便足以運作的腎臟結構。至於日常的飲食，應該只能吃樹梗、樹皮、樹根、青苔類，還有仙人掌果實等，在極為嚴苛的環境中也能生長的植物。

儘管如此，標高較低處的氣候則截然不同，甚至很盛行農業。還有紀錄顯示，南美栗鼠曾為了尋覓食物或水源而下山至標高400m左右處。每逢嚴寒的季節，有些南美栗鼠似乎會下山來到棲息於標高1000m附近的八齒鼠之巢穴，白天借住睡覺，晚上再去覓食。

南美栗鼠生活的嚴苛環境
取自「Save the Wild Chinchillas!」的 Facebook

南美栗鼠的群體

南美栗鼠的天敵為鵰、鷹、貓頭鷹等猛禽類，或是狐、鼬屬等。由於主要於夜裡活動，原本都能避開晝行性猛禽類，然而隨著大自然不斷遭破壞，狐、鼬屬等開始往山上爬，夜行性的天敵也增加了。

萬一遇上同為夜行性的天敵，南美栗鼠就會在岩石區用後腳跳躍，再搭配快腿逃跑，在凹凸不平的地方也能善用尾巴取得平衡，蹦蹦跳跳揚長而去。

此外，即便是看似進不去的狹窄岩石縫隙，牠們也能善用鬍鬚的觸覺鑽入跑走。會在岩石區陰影等處打造住處來生活。

南美栗鼠的群體規模各不相同，由幾個家族聚集組成群體，每一群都有很多隻，甚至多達數百隻。

牠們是不太喜歡打架的動物，因此會幾隻1組、各自分布於相當寬廣的

場域裡，並於其勢力範圍的交界處排糞。此外，牠們似乎還會以家族或群體為單位來決定如廁處，大家在固定一處排便。一般認為，南美栗鼠會保持寬廣的距離，盡可能和平共處，而且為了守護1年只生產2次左右而為數不多的幼鼠，會群體合力共抗天敵。

南美栗鼠平常不會發出叫聲，唯獨要向同伴示警時才會發出宏亮的高喊。為了傳達給生活於廣闊範圍內的群體，可說是聲嘶力竭的叫聲。

猛禽類主要是捕食幼鼠，但狐、鼬屬連成鼠都吃，因此當牠們數量一增加，南美栗鼠的數量就會銳減。

南美栗鼠與人類

說來說去，人類才是南美栗鼠最大的天敵。南美洲的祕魯或智利北部的部族自古以來就會獵捕南美栗鼠，將牠們的毛皮製成衣服或地毯並食其肉。此為弱肉強食之縮影，若單看這點，或許人類和南美栗鼠曾經是共存的。

一般認為，南美栗鼠在原住民移居之前就生活於該地，人類伸出手南美栗鼠就會靠過來，在不懼怕人類的狀態下生活著。後來人類開始利用其毛皮來為王族製作衣服，作為進獻品。

自從西班牙人把安地斯山脈納入殖民地後，便發現了南美栗鼠毛皮的魅力，遂開始往歐洲運送毛皮。這是1500年代的事。

自此，原住民與西班牙人開始為

了賺錢而獵捕南美栗鼠。不怕人這一點反倒招來惡果，最終慘遭濫捕。

到了1800年代，南美栗鼠的毛皮在世界各地大流行，開啟了瘋狂的獵捕活動。這個時期的獵捕對象，以棲息於標高較低處的短尾南美栗鼠為主。為了增加毛皮數量，似乎還會混合不同動物的毛皮。

當短尾南美栗鼠捕獵殆盡以後，人們便轉移至標高更高的土地，開始獵捕長尾南美栗鼠。主要出口地為美國、英國與法國。

製作1片毛皮需要幾百隻野生的南美栗鼠。因此，自1800年代中期開始，出口量異常地高，1900年達到顛峰。然而，其後出口量遽減，這是由於人類激進的捕獵活動，導致南美栗鼠面臨瀕臨絕種的危機。

1910年，智利、祕魯、玻利維亞與阿根廷批准了首條保護野生南美栗鼠的國際條約。此條約規定，禁止捕獵或基於商業理由出口野生南美栗鼠。

南美栗鼠橫渡至美國

　　碩果僅存的野生南美栗鼠，便逃到標高更高的土地去了。然而，在那個時代，南美栗鼠已然成爲原住民的生活糧食，因此非法狩獵並未中斷。後來，有個原住民向以採礦工程師身分在智利美洲銅山工作的查普曼氏，兜售裝在小罐子裡的南美栗鼠。查普曼氏瞬間對這種小巧美麗的生物產生興趣，便買下了那隻南美栗鼠。這是1918年的事。

　　後來，他著迷於南美栗鼠活潑爽朗又愛親近人的特質，便開始打算當成寵物來養。儘管如此，南美栗鼠已經瀕臨絕種，因此費了幾年的歲月才好不容易捕獲了僅僅11隻。查普曼氏尋思著把牠們帶回美國，作爲寵物來販售，並進一步打造新的毛皮產業。

　　預計於1922年返回美國的查普曼氏，想方設法地想把自己所飼育的南美栗鼠帶回美國，但由於1910年已經制定了禁止出口的條約，出口許可遲遲未獲得批准，直到1923年才終於有出境的可能。

　　當時還沒有班機可搭，因此只能搭船移動，而且還必須橫越赤道上的海域，所以查普曼氏夫妻便整天輪流幫南美栗鼠降溫，煞費苦心花了1個月時間才抵達加利福尼亞州。期間死了1隻、誕生了2隻幼鼠，因此一共帶了12隻南美栗鼠回美國。

　　如今，世界各地所飼養的南美栗鼠祖先，恐怕就是這12隻南美栗鼠。查普曼氏後來成功繁殖，往美國及加拿

把南美栗鼠帶回美國的查普曼氏。

大販售了大量活體南美栗鼠與南美栗鼠毛皮。

　　據說他最初的目的是要搶攻毛皮產業，卻著迷於南美栗鼠的氣質而格外寵愛自己的寵物鼠。至今仍有許多美國育種家保存著當時的照片，而最初帶回美國的其中1隻南美栗鼠，似乎過了22年以後才去世的樣子。

查普曼先生的研究資料

　　P.111的照片大概是1900年代初期左右的資料。查普曼氏自己打字的原稿，經複印後流傳了下來。

　　雖然他也把南美栗鼠當作寵物來養，但畢竟曾是毛皮業界的泰斗，所以應該是爲了製造美好的毛皮，而將資料留給了毛皮育種家。南美栗鼠的毛質非常細緻嬌貴，只要身體不健康而沒活力時，毛的質感也會跟著變差。爲了製作毛色佳且閃亮有光澤的毛皮，南美栗鼠的健康管理是不可或缺的，因此諸多毛皮育種家一直以來也竭盡心力地避免南美栗鼠生病或爲其治病。

　　正因爲是一門生意，所以才如此嚴陣以待吧？而這些資料在毛皮育種家之間傳承下來以後，又由寵物育種家繼承並保留至現代。

　　這份資料中，針對飲食管理、較

具代表性的疾病、飼育場的衛生管理與預防性照顧的相關資訊，整理得十分清楚明瞭。

記錄裡強烈建議南美栗鼠的飲食生活要盡量簡樸，絕對不能使其過胖。而且飼主還要經常備好4款左右的牧草，以提摩西牧草或紫花苜蓿等混合，並供應一般推薦的固體飼料。固體飼料會在24小時內消耗完畢，因此必須每天供應。還要留意不要讓南美栗鼠空腹過度。

在較具代表性的疾病當中，則撰寫了腸內細菌群紊亂與傳染病的相關內容。然而，最值得關注的是以下這篇文章。

南美栗鼠絕非不會生病的動物，牠們和其他動物一樣都會得傳染病，所以為抗病做好準備相當重要。在實際患病之前就應該詳細了解其疾病。最好不要讓其他繁殖者來判斷自家南美栗鼠的病症。他們都是依自己過去的經驗來比較、判斷，倘若你的南美栗鼠的疾病原因與他們過去的經驗有所不同，那麼南美栗鼠有時會在釐清原因之前就一命嗚呼了。應該委託適當的研究者或獸醫方為上策。

這個觀點在已進入資訊社會的現代仍完全適用。症狀或狀況看似一致，實則截然不同是常有的事。

關於飼育場的衛生管理，主要是對育種家的教誨，因此也有許多部分不適用於一般飼育者，不過以下文章應該可以作為參考。

使用瓶裝式飲水器時，一旦不衛生就會有細菌滋生，因此必須確實消毒。為了守護群體的健康，全方位的準備必不可少。接納新成員時，應該先與群體隔開1個月。如果在某個個體上發現異常，就要立即與群體隔離開來。自行處理之前，應該委託適當的研究機構或獸醫檢查。

早在100多年前，美國就已經有至今仍適用的正確飼育研究資料傳承下來，這點實在讓人震驚不已。

查普曼氏留下來的部分南美栗鼠研究資料。

資料提供：
Laurie Schmelzle

喜怒哀樂

正如先前所述，南美栗鼠是絕頂聰明而且感情豐富的動物。換句話說，從誕生以來，牠們的內心就會不斷產生各種感受，擁有明確的喜怒哀樂且相當敏感。

無論是人類還是動物，基因或血統某種程度決定了本質與對事物的看法，不過南美栗鼠在情感的培養與表現方式上，應該會因飼主的相處方式而有所不同。固然有「這麼做準沒錯」的做法可循，但無論是什麼樣的方法，南美栗鼠都會從中感覺是否有愛。

請不要忽略牠們的悲傷與痛苦

南美栗鼠的喜怒哀樂中，人類最難察覺的應該是「哀」。牠們會利用肢體語言來展現喜與樂，憤怒與恐懼也一樣。唯獨悲傷或痛苦幾乎不會表現出來。

當然，只要一起生活，還是可以觀察出「現在好像很傷心」或「看起來好像很難受」的訊息。儘管如此，絕大多數都只會傳遞出一小部分。所以，飼主的首要之務便是打造出不會讓南美栗鼠感到傷心、難受的環境，並予以關懷，同時還要避免忽略這種稍縱即逝的訊息。因為8至9成的「哀」牠們都會隱而不顯，不要認為「很輕微所以沒關係」，應當立即採取對策才是。

積極正向的個性

在被捕食的動物之中，南美栗鼠擁有一顆非常積極正向的心。年輕時經常會想勇往直前，正向看待任何事物。只要未遭遇致命或感到厭惡的事情，都能透過一些預立的小準則讓自己快速恢復好心情，即便心情有點不好或身體不適，也會對自己說：「沒事，沒事。馬上就會好起來。」

南美栗鼠原本就有隱藏負面狀態的傾向，因為就連自己都會去否定心煩或不適的情況，主人也就更加察覺不到牠們的異常。只要還未瀕臨極限狀態，就拋不掉開朗的本性去追求愉悅之事，結果導致牠們一直在逞強。有鑑於此，飼主的觀察與判斷成了舉足輕重的任務。南美栗鼠就是如此樂觀的動物。

認識南美栗鼠的身體

身體的特徵

南美栗鼠會擺出好幾種逗趣的姿勢，但是其生態目前尚有許多無法釐清之處。不過身為齧齒目草食性動物的牠們，有著一目了然的身體特徵。

身長與體重

頭與軀幹的長度約為25～35cm。通常都蜷縮著身體，伸展開來具有一定的長度。尾巴長度為10～25cm左右。

成鼠的體重約為450～900g，體重會隨身體的大小與長度、骨骼與肌肉量等而異，因此無法光靠體重來判斷是胖是瘦。

一般來說，具有相同血統的情況下，雌鼠的體型通常會比較大，但並非必然。

眼睛

南美栗鼠眼睛的顏色十分多樣。據說視力與視野會因眼睛顏色而異，不過牠們的視力稱不上非常好。由於眼睛長在側面，所以很難看到正前方。

然而，即便光線昏暗，只要有一點光就看得見，在黑暗之中察覺敵人的能力出眾。就算眼睛不太移動，仍具備接近360度的視野。

眼睛不動的這種習性，為的是避免被敵人鎖定時因眼睛移動而目光閃爍，進而被發現所在位置。牠們不喜歡過於刺眼的光線。

耳朵

一般認為，南美栗鼠在野生狀態下發揮最大效用的部位便是耳朵。時時聽辨著細微的聲音與遠方的聲響，藉此

眼睛

耳朵

遠離敵人或氣候災害以自保。臉部不動，只要耳朵前後左右移動，就可以聽辨聲音。耳殼薄，所以容易受傷，一旦損傷就無法恢復原狀。

耳朵上幾乎沒有長毛，利用耳朵來調節體溫。南美栗鼠的體溫為38度上下，體溫超過該溫度時，耳朵就會變得一片通紅。

鼻子

眼睛長在側邊，看不到臉部正前方的東西，因此大多數情況下南美栗鼠都是靠嗅覺來判斷事物。

鼻子呈扁平的特殊形狀，鼻孔裡有可開闔的瓣膜，可以開開關關，這是為了在進行砂浴時避免鼠砂跑進鼻子裡。

平常鼻子並不像狗兒一樣是濕潤的，一旦濕濕的就可能是流鼻涕等原因造成，必須格外注意。

鬍鬚

身體披覆著厚厚一層毛皮，實際上體型極為小巧。會利用鬍鬚來判斷可以鑽過去的地方，或是讓鬍鬚往高角度移動並觸碰，藉此判別近處的東西距離有多近。

有時還會以鬍鬚與周遭事物做比較或用鬍鬚來判斷事物。和其他南美栗鼠同住時，有時會被咬到變短。

南美栗鼠對鬍鬚寶貝不已，會頻繁地做出捋鬍鬚的動作，這樣不光能讓鬍鬚保持乾淨，還能維持感覺的敏銳度。

嘴巴與牙齒

南美栗鼠的下巴極窄，所以嘴巴也很小。

所有牙齒皆為牙根呈開放式的常生齒，門牙與臼齒一輩子都會持續生長。門牙4顆、前臼齒4顆、後臼齒4顆，一共20顆。

門牙出生時為白色，逐漸轉黃後才呈橙色，由象牙質所構成且有琺瑯質加以強化，因此咬合十分重要。

臼齒只能透過食用牧草來磨牙，一旦沒吃牧草就會立刻變長。臼齒過長會導致整體咬合變差，連門牙也會受到

鼻子

鬍鬚

影響。

下門牙若因遺傳而較上門牙突出，則容易造成整體齒列不整。

原為橙色的牙齒若變得雪白，是身體狀況不佳或營養失調的一種警訊。

前腳

有4根腳趾，側邊有1根極小趾頭般的突起。腳背上覆有薄薄一層毛，而內側則無毛，呈柔軟有彈性的肉球狀。其中兩個較大的肉球發揮著大拇指般的作用。趾甲小巧、微微地固定於腳趾上，幾乎不會變長。前腳的功能猶如雙手，可以用來拿取東西。

後腳

有3根腳趾，側邊有1根小趾頭。和前腳一樣，腳背上覆有薄薄一層毛，內側則無毛，呈柔軟有彈性的肉球狀，差別在於後腳比前腳大，便於跳躍或承受著地力道。此外，後腳整體而言較長，有用來跳躍的扎實肌肉。

趾甲構造比前腳牢固，形狀如人類的大拇趾趾甲般為四角形，幾乎不會

變長。

腳趾前端也像肉球般柔軟而有彈性。後腳的第一根腳趾甲上長了較硬的毛，會利用那些毛來理毛或抓癢。

後腳跟容易長繭，因此地板鋪材必須保持衛生、留意其材質，並且要避免南美栗鼠從過高之處奮力跳下來。地板鋪材如果劣化，會劃傷腳而造成出血，讓牠們連走路都會痛。

生殖器

雄鼠陰部呈陰莖狀，離肛門有段距離，有睪丸。

雌鼠則陰部與肛門相連，正中央的切口即為陰道。發情時期陰道口會打開，而且有時會從陰道排出白帶。

南美栗鼠有個特徵是雌鼠也會從陰部排尿，還會以其尿液作為武器。例如拒絕交配時，或者無關乎性別、只要關係不佳的個體靠近時，雌鼠都會站起身來噴灑尿液。此外，當幼鼠大打出手時，雌鼠有時也會噴尿來阻止。

野生時期會瞄準敵人的眼睛往臉上噴尿，藉此趁敵人害怕的空檔逃之夭

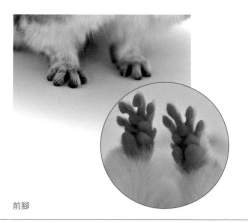

前腳

後腳

夭，因此面對人類的時候，大多也會瞄準臉部這麼做以示恐懼或威嚇。

排泄物

正常的糞便介於黑色和黑褐色之間，呈1cm左右的圓柱狀。一天會排出大量同樣大小的糞便，而且糞便硬到按壓也壓不扁。

如果糞便大小不一、比往常的還小，或是感覺量變少了，都是一種危險信號。

南美栗鼠會排出可食用的糞便，是一種稍微油亮的軟便，通常都會把嘴巴抵在肛門上吃掉，因此難有機會見到。即便掉了下來，時間一久就會乾燥而與一般糞便無異，所以無法分辨。這種糞便叫做「盲腸便」，當中含有未一次消化吸收的維他命等營養成分，所以會藉由再次攝取以達消化吸收之效（兔子也有這樣的習性）。

尿液為黃色，會因為接觸到空氣、時間一久或食物特性而呈橙色或帶點紅色。南美栗鼠原是棲息於水分較少的地帶，因此水的攝取量很少，會在體內充分運用，使得尿液容易變濃。在日本成為寵物的南美栗鼠，因為身處高溫多濕的環境、養成吃固態食物的習慣且壓力過大等因素，飲水量確實比野生時期增加了。

毛皮

用以保護身體、抵禦嚴寒，具有最重要的身體機能。

南美栗鼠的身上披覆著極厚的毛皮，一個毛孔會長出約50根至100根左右的毛，每根長度平均為3cm左右，不同個體的長度各異。毛的厚度不一，依毛孔長出的毛量而定。確實攝取營養並讓毛孔常保清潔的話，毛量就會增加。

每3～4個月會換一次毛，但原本毛量就多，因此看起來就像極為緩慢的掉毛。季節交替之際、冷熱溫差大時、酷熱時期等，南美栗鼠的生理節奏會變得混亂，有時會一口氣大量掉毛。除此之外，則都是緩慢地換毛。

毛量較豐的南美栗鼠，掉下來的

生殖器

雄鼠

雌鼠

發情期的雌鼠

正常的糞便

毛會不斷往毛與毛之間或屁股處堆積，因此最好頻繁地進行砂浴，或幫忙牠們把掉毛拍掉。

此外，南美栗鼠還有個特性是：為了甩掉敵人，會讓被抓住部位的毛脫落後逃跑，因此要留意不能抓得過緊。掉毛的部位會變得光禿禿的，但幾週之內會再長出來。

皮膚

在野生環境中，為了預防過於乾燥，皮脂腺會分泌一種名為羊毛脂的油脂。羊毛脂會保護皮膚與毛，使之不易沾附髒污。

不過，為了去除身體上多餘的油脂，就必須進行砂浴。毛量愈多，鼠砂就要愈細，才能深入其中。

尾巴

尾巴毛茸茸的，長度約為軀幹的一半甚至等長。尾毛的質地異於身上的毛，非常硬且扎實，即所謂的護毛（guard hair），密度不如身上的毛。

尾毛不會頻繁脫落，一旦掉毛，直到完全長齊為止需要較長時間。

坐下、站立、奔跑、跳躍等時候，尾巴能用來取得身體的平衡、察覺背後的危險、向同伴發送警訊或是表現情感，具有與鬍鬚差不多的細膩功能。

尾巴長度變化豐富，有天生較短的、被父母咬短的、非常長的或蜷曲的，還有粗的、細的，毛多的、毛少的，毛長的和毛短的。

壽命

壽命可超過20年。然而，有時也會染病，平均壽命約為10～15年左右。

如果是以適當方式繁殖培育、不帶遺傳性疾病的南美栗鼠，只要確實為其整頓好飼育環境、飲食生活與運動量，即可打造不生病的體質。

尾巴

蜷曲的尾巴

了解南美栗鼠的行為

行為舉止

理毛
把身體清乾淨。
若在家人或伴侶
之間進行，則是
一種親密行為，
代表信賴的證明
或愛情的表現。

手淫
雄鼠嘴含生殖器並拉
長，為自慰行為。

擦鼻
用手摩擦鼻子的行為。

弓著背走路
代表牠們對某
樣事物感到在
意，為警戒時
的動作。

梳理鬍鬚
為了放鬆或是理毛的
其中一個環節。

跳踢
開心、情緒高漲的表
現，亦為憤怒的表
現。

騰空跳躍
愉悅、開心的
喜悅之舞。

搖尾巴
為了取得平衡。
亦為威嚇警戒、
發情或求愛等表
現興奮的行為。

叫聲

含意	這種叫聲
呼叫	kyu－、mi－、mya－
撒嬌索要	kyu－、myua－
幼鼠呼喚媽媽或回答媽媽	pi－pi－、kyu－kyu－、pui pui
抗議	ga！
警告	bu！
憤怒	bya！
警戒聲	ku－ku－ku－ku ku ku ku－等（以高亢又響亮的聲音拉長鳴叫）
開心	低聲piyo piyo piyo piyo
恐懼	gya
悲鳴	ki－
求愛	如小鳥鳴囀般的聲音（一邊垂下尾巴）
滿足	以打嗝般響亮的聲音鳴叫多次（交配後或手淫後）

了解南美栗鼠的繁衍

繁殖前

生命誕生這回事

無論是什麼樣的動物，小寶寶都很可愛。尤其南美栗鼠這種動物，屬於出生時就全身長毛且眼睛確實睜開的「早成雛」，所以出生那瞬間便是成鼠的迷你版大小，可以真實感受其可愛美好的樣子。因此總是會有人單純出於「想看看自家南美栗鼠的迷你版模樣」的念頭，而考慮繁殖。

事實上，對與動物一起生活的人而言，「繁殖」是極其危險又伴隨著責任的行為。如果你對「繁殖」產生一絲興趣，希望你先把「它是賭上性命孕育生命的行為」這點銘記在心。還要事先考量是否能對出生的生命負責，絕不容許「總之先生出來再去想」這樣的心態。

此外，生下來之後才說「還是養不起」、「比想像中還要辛苦，所以想找人認養」這種話，也是不負責任的行為。總之，缺乏計畫的繁殖是萬萬不可行的。

無比漫長的孕期

「懷胎生子」這種行為，對人或動物而言都是一場硬仗。

因為生態與棲息地的關係，南美栗鼠無法挖洞或在樹上築巢，出生後就必須立即緊跟著父母走，在四處移動的父母的庇護之下成長。

因此，歷經111天漫長的孕期，在腹內期間牠們就已然形成幾乎與成鼠無異的身體構造。

相較於貓狗的2個月左右、兔子的1個月（築巢的晚成雛）、天竺鼠的2個月（早成雛），南美栗鼠的懷孕期間非常漫長。

連1公斤都不到的南美栗鼠，在不足4個月的期間，竭盡全力地孕育著腹中的小寶寶，這對母親本身的身體來說，不可能毫無負擔。

做好準備
迎接新生命吧！

繁殖時

以媽媽的性命為優先

要先決定由哪隻南美栗鼠成為母親，最重要的判斷標準是健康與否、身心是否具有活力。

如果無法確保這一點，就不建議進行繁殖。懷孕實在太艱難了，只要南美栗鼠媽媽感到一絲不安，最好放棄繁殖。

假如媽媽不幸在過程中死亡，可就本末倒置了。

懷孕適齡期

一般認為，雌鼠的性成熟始於出生後4至8個月，但性成熟並不等於懷孕適齡期。

人類應該也是一樣，即便開始有生理期，也並非懷孕適齡期。

如果還在發育期就懷孕，會對身體造成很大的負擔，為了自己身體成長所需而攝取的營養，都會全被腹中的孩子吸收。

再加上精神層面也正值發育期，在懷孕期間很容易變得不穩定。

於身體確實發育完畢後的1歲多至2歲前後懷孕，可說是首胎的適齡期（也會依南美栗鼠的體型或血統而異）。

反之，也不建議年紀大了才生頭一胎，畢竟產道的柔軟性不復存在而容易難產，如果患有疾病或過於高齡，有時身體將無法承受懷孕的衝擊。

性成熟與發情的時期

雌鼠的發情期為每1個月～1個半月一次，持續數天。有些情況下會更早或更晚，或者也可能不定期。

發情期陰道口會變紅，並且膨脹張開，當然也有部分南美栗鼠是看不太出來的。

此外，有些南美栗鼠在初次發情時會變得暴躁，喜怒哀樂更加激烈，不過絕大多數的南美栗鼠則是感受不到明顯的變化。

有「全年發情」與「北半球從11月至5月、南半球從5月至11月為發情期」等說法，但一般家庭所飼育的南美栗鼠，大多是依其成長及發情的時機而異，與時節沒有太大關係。

雌鼠在發情期以外的時期不接受交配。

雄鼠的性成熟最快始於出生後3個月，平均則為出生後半年左右。

有別於雌鼠，雄鼠隨時都在產出精子，因此只要雌鼠願意，雄鼠隨時都

能交配。

因為平常幾乎沒有交配行為，所以雄鼠會自己含著勃起的陰莖進行手淫，由於陰莖會變得非常長，第一次目睹的飼主有時會懷疑是不是脫肛而緊張不已。如果看到這種畫面，就是代表已進入性成熟期了。

依毛色繁殖的準則

南美栗鼠在基因組合上有一套準則。白色種之間或絲絨色種之間的交配，產出致死基因的可能性極高，因此不得互相配對。

絲絨色種的血統最好全面避免與絲絨色系搭配。

所謂的致死基因，是指帶有該基因會導致個體死亡，或因該致死基因的強弱而衍生出各種弊病，像是胎死腹中、即便出生也很快夭折、畸形、殘障、無法長大、身體虛弱或壽命短等。

若要從現在一起生活的南美栗鼠中找尋繁殖對象，最好確認其基因組合是否可行。尤其要與絲絨色系的南美栗鼠交配的話，一般來說，應該選擇父母皆非絲絨色系的南美栗鼠，由此可知，盡可能選擇血統明確的南美栗鼠來進行配對較為安全。即便是白毛不多的斑色種或混色種，有可能只是肉眼可見範圍剛好如此，其實仍然帶有白色種的基因，因此也應該避免再與斑色種或混色種配對。

此外，南美栗鼠不能進行所謂的近血緣繁殖（系統繁殖）或近親繁殖（近親交配）。

應當避免的毛色組合
- 白色種×白色種
- 白色種×斑色種或混色種
- 斑色種或混色種×斑色種或混色種
- 絲絨黑色種×絲絨黑色種
- 絲絨棕色種×絲絨棕色種
- 絲絨黑色種×絲絨棕色種等
  （絲絨色系所生、帶有絲絨色基因的品種之間）

從相親到生產

來一場相親吧！

南美栗鼠是非常真誠且感情豐富的動物，因此會有很明確的好惡。尤其是要配成對時，有雌鼠挑選雄鼠的傾向，大部分的情況下，雌鼠是否肯接納雄鼠是決定性關鍵。

想讓南美栗鼠同居的話，最好確實判別彼此的契合度。如果要迎接新成員，亦可向專賣店或商店的工作人員洽

詢，請求他們協助觀察南美栗鼠的性格與契合度。

接回家以後，如果南北栗鼠們兩情相悅的話，就可以很快放入同一個飼育籠中，不過一開始還是要先隔著籠子觀察狀況。

飼育籠之間大約保持無法互咬的距離，使兩隻南美栗鼠可以互聞氣味、伸手去摸、去觀察對方的模樣。

在這樣的狀態下不會隔著籠子打架的話，不妨試著讓牠們一起散步或暫時靠近彼此。

雌鼠如果發出撒嬌般的聲音或翹起屁股，很可能已進入發情期，此時便可順水推舟地嘗試讓牠們待在一起。

然而，要是彼此不合，或是雌鼠過度敏感，有時也可能會糾纏不休地攻擊雄鼠，使之重傷、造成精神上或肉體上的壓力，或是物理上的致命傷，結果導致雄鼠死亡，飼主們必須特別留意。

已經交配的訊號

交配會在一瞬間就結束了。一旦交配成功，通常半天之內雌鼠的陰部就會形成一種稱為「膣栓」的白色細長塊狀物。

一般認為，這是雌鼠的分泌物與雄鼠的精液或分泌物相混之物，凝固後塞住陰道，是為了讓精子確實受精的一種機制。

如果交配了數次，有時會掉落好幾個「膣栓」（不過即便是獨居的雌鼠，光是自己的分泌物就會形成「膣栓」）。

剛掉出來的膣栓。
乾掉後會變得更硬且細。

即便有「膣栓」掉落，也不代表已確實懷孕。反之，有時即便未找到「膣栓」，也已經交配成功了。

有些伴侶就算長年同居也不交配，有些則是交配數次卻未懷孕。如果無論如何都盼望雌鼠懷孕，不妨重新審視環境是否能讓牠們安心生產，或是考慮嘗試變換伴侶。

如果換了伴侶後雌鼠仍未懷孕，可能是不易懷孕的體質或罹患疾病，最好避免勉強進行繁殖。

懷孕的徵兆與生產的準備

懷孕1個月左右雌鼠看起來毫無變化，體重的增加也不太顯著，生活幾乎和往常一樣。

2個月之後，感覺腹部會一點一點地變硬且變重，體重差不多從這個時候開始逐漸增加，但是如果沒有每天量體重，從外觀還是很難看出來。在超音波檢查中，已勉強可拍到小寶寶，食慾會日益增加。

經過3個月後，腹部會往橫向擴大，身體也會明顯變重。然而，如果只懷有1隻小寶寶且媽媽身型較小，有時

到了這個時間點仍不易察覺。此時最好停止嚴格的飲食限制，讓牠們多吃牧草，同時盡可能提供比平常更多營養均衡的南美栗鼠食品。營養不足的話，有時母體會在生產前變得衰弱。

生產前，雌鼠會變得嗜睡，有些個體還會發出「呼呼」聲，此後會持續這種狀態長達1週左右。

假如無法清楚判斷預產期，最好做好隨時出生都無妨的完善準備。不過，即便掌握了預產期，有時小寶寶也會提早或延後出生。

日本的南美栗鼠平均會生1～3隻幼鼠，生4～6隻的是少數，但體格較大且血統上比較多產的話，有時甚至會生出10～12隻。

此外，為了預防生產意外，最好事先到動物醫院就診，確認是否懷孕，以及懷了幾隻小寶寶。產後媽媽若無法立即進食，很可能是還有幼鼠遺留腹中，或是身體發生了什麼異狀，為了在這種時候可以立即求醫，事先與獸醫取得聯繫會比較安心。

為寶寶的出生做準備

臨盆之前，母體會變得非常地笨重，可能會無法隨心所欲地移動，此時

很容易發生從原以為跳得過去的地方摔落，或者過不去、進不去等狀況，不妨將飼育籠變更為更寬闊的格局。

剛出生的幼鼠比想像中來得小，即便是南美栗鼠專用的飼育籠，有時仍會從網格間隙溜出來，這種時候就要準備網格較小的飼育籠。健康出生的幼鼠會比表面看起來的還要活潑，可能會攀著網子往上爬、玩得太開心而被網子夾到腳，或追著媽媽跑而爬到太高的踏板上失足摔落。

此外，為了便於幼鼠吸吮，媽媽的乳頭會完全暴露在外。為了預防乳房傳染病或幼鼠意外的發生，地板鋪材與踏板等都要換成乾淨又安全的產品，格局也要改低為宜。

生產多隻幼鼠的情況，第1隻的羊膜剝落後，便立刻準備生產下一隻，這麼一來，媽媽的身體會一直處於溼答答的狀態，有時會著涼而變得虛弱。無論是什麼季節，產後10天左右最好都要設置加溫墊等措施。

產後不久，最好先將較大型的砂浴容器撤掉。因為幼鼠有時會無法從容器中爬出來，或是吸入過多鼠砂而造成氣管或肺部衰弱。

南美栗鼠是可以在產後不久就進

行交配的動物，即所謂的「產後發情」。無論是為了避免連續生產，或是不讓興奮的爸爸媽媽激烈竄動而波及到幼鼠，產前不久先將爸爸隔離開來方為明智之舉。

有些媽媽在生產約2週前，會對生產感到不安、焦躁，或是出於守護身體的本能而變得具有攻擊性。若觀察到這樣的徵兆，最好在爸爸遭受攻擊之前就先將彼此分開。

使盡全身力氣的生產過程

據說南美栗鼠大多於深夜或黎明分娩，不過在家庭中飼育的個體，生理時鐘各異，因此可能於任何時間生產。

開始出現動作如打嗝般的陣痛後，隨之發生破水，南美栗鼠寶寶將從頭部先出來。此時也會出血，因此有時媽媽會滿臉是血。

如果頭或身體較大，或是胎位不正，媽媽會試圖用嘴巴拉出小寶寶，南美栗鼠寶寶的臉、耳朵或趾頭都有可能會受傷，不過切忌千萬不要出手幫忙，有時反而會拉斷小寶寶的身體。

當所有南美栗鼠寶寶都生下來以後，胎盤會排出體外，媽媽也會吃下胎盤化為營養。生產多隻幼鼠的話，間隔大約是5分鐘至1小時不等，如果耗費時間超出此範圍，便是難產。媽媽若還能使力，請盡可能在旁守護，但如果胎盤未排出且不見其蹲伏用力，或是寶寶全員產出且胎盤也已排出，但媽媽陷入筋疲力竭的狀態，則最好前往動物醫院比較安全。

媽媽有時也會趁生產空檔抓點東西來吃，但要是一臉痛快地拼命進食，應該是已經生產完畢了。

育兒大小事

育兒出乎意料地困難重重

幼鼠出生時，體重平均約35～60g，會依幼鼠數量與血統而異，因此有些體重會高於或低於此範圍。即便身形較小，只要身上的肌肉扎實就沒問題。如果只生1隻，幼鼠的身形通常會比較大。

媽媽會拼命舔乾幼鼠溼答答的身體，之後還會將其嘴巴四周與屁股舔乾淨，這種舔舐行為可以讓幼鼠的精神狀態較為穩定，既為母愛的表現之一，亦為與幼鼠的一種交流。

一般來說，南美栗鼠媽媽的乳房有3至4對，但只有2處乳房明顯凸出到

外面。

　有些媽媽無論是生3隻還是4隻，都能巧妙地輪流哺育幼鼠，但大部分的情況是，只要生下2隻以上的幼鼠，幼鼠們就會因爲無法飲用足夠的母奶而大打出手，或因發育不良而夭折。

　此外，排乳不順的話，幼鼠會用力吸吮或啃咬媽媽的乳房，媽媽有時也會痛到啃咬或威嚇幼鼠，這種時候，飼主必須從旁支援，讓媽媽攝取充足的營養，同時以山羊奶人工餵養幼鼠。

離乳與離別

　屬於早成雛的南美栗鼠，幾乎都是在身體成型之後才出生，有些發育較快的幼鼠，甚至在出生當天就能吃和媽媽一樣的食物。

　儘管如此，在尚未喝足母奶的情況下，要突然開始吃固體食物還是挺困難的。當然，幼鼠會用手抓取食物放進嘴裡，但並不見得能確實地吃下肚。根據一般的標準，應該是在出生後1週至10天左右，才開始與媽媽一起食用牧草或固體飼料。

　理論上，出生6～8週後即可離乳，但很多幼鼠會想一直黏著媽媽。離乳並不等於獨立，爲了精神層面的成長，飼主應判別幼鼠的發育狀況、自我的覺醒與獨立心等，慢慢使其與父母分離。長大後還會跟媽媽撒嬌的幼鼠不在少數，該在哪個階段與媽媽分離是一道難題。

　然而，有些雄鼠在出生後3個月就已性成熟，因此在3個月大左右就應該

與媽媽分離。如果爸爸在幼鼠成長過程中也一起生活，那麼雌性幼鼠也該於同一時期分開。

　南美栗鼠沒有親子關係的概念，只要性成熟就會交配，但是近親交配有很高的機率會生出異常的後代，所以無論感情多麼融洽，親子仍必須分隔開來。即便是同性別的親子同居，也要準備可容納多隻南美栗鼠四處奔跑的大型飼育籠，而且個體之間有時會突然大打出手，爸爸或媽媽也可能因爲顧慮幼鼠而開始感到有壓力，因此不妨先做好隨時皆可分籠的準備。

出生2週的幼鼠

出生1個半月的幼鼠

寶寶的成長過程

出生第 1 天的雄鼠 (體重 57g) 毛色：香檳色

第 4 天 (62g)

第 7 天 (73g)

第 10 天 (86g)

第 16 天 (106g)

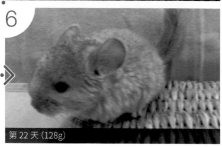

第 22 天 (128g)

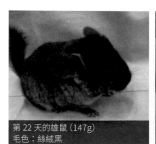

第 22 天的雄鼠 (147g)
毛色：絲絨黑

第 22 天的雄鼠 (118g)
毛色：混色

第 23 天的雌鼠 (118g)
毛色：紫羅蘭色

由左而右分別是產子數 1 隻、2 隻、3 隻時的幼鼠。
可以看出成長速度會因產子數而異。出生 50 天後體重就相差無幾。

人工保育

　一般來說，南美栗鼠媽媽的乳房有3～4對，但是似乎只有2對有作用。因此只要生出3隻以上的幼鼠，就會引發爭奪戰。

　此外，即便只有1隻或2隻，有時問題在於母乳出不來。若幼鼠一整天下來體重不增反減，有時是因為母乳不足（身形較小的幼鼠等，有時體重只有1～2g的增幅）。

　在這種情況下，飼主必須進行人工哺育，以小動物專用的山羊奶奶粉按比例沖泡來餵養幼鼠。

　母乳出不來的原因有各種可能（懷孕中的營養失衡、身體狀況不佳、生產本身造成的負擔過大、懷孕或育兒所造成的壓力、哺乳不熟練等）。

　每天測量幼鼠的體重，如果下降代表未確實喝奶；若只微幅增加1g、2g等，則是媽媽出奶狀況不佳；幼鼠之間要是爭執不休，代表大家都沒喝到多少奶。

　倘若出生後不久便開始吵架，請立即將幼鼠分隔開來，定好時間輪流交給媽媽哺乳。因為即便幼鼠尚小，有時仍會不小心殺死對方。

　隔離期間，務必放入加溫器，以防離開媽媽的幼鼠身體著涼。人工供應山羊奶亦不可少。

　幼鼠的嘴巴很小，吞嚥的速度也很緩慢，只能少量飲用山羊奶。在熟練之前，請先分次少量地往嘴裡滴入可舔食程度的量即可。

　即便南美栗鼠寶寶主動吸住滴管也要格外小心，因為如果吸吮速度太快，可能會導致誤嚥。幼鼠誤嚥極有可能馬上引發肺炎，所以極其危險。

　因為營養失衡或不熟練而無法順利哺乳的南美栗鼠媽媽，可能 1週後便會順利分泌出乳汁。請確實掌握幼鼠體重的增加趨勢，判別應該持續或停止人工哺育。

　順帶一提，有時出生當天的體重會比隔天還重，這是因為在母體體內時，都是自動接收營養，突然間必須要自行進食，因此原本在母體體內順利獲得充分營養的幼鼠，在出生後第2天體重可能會會下降。

　如果有走路沒活力、眼睛睜不開、毛髮乾燥等異狀，也有可能是早產兒、發育不全，或身體狀況不佳的個體，請儘早向醫院諮詢比較好。

截至日文版出版前的2016年為止，一般認為美恩寶脫脂羊奶粉最適合南美栗鼠。

國外的情況

中國
認知度完全無法相提並論

南美栗鼠在中國的認知度和在日本完全無法相提並論。

中國的土地與人口都比日本多幾十倍，一旦形成風潮便勢不可擋。南美栗鼠過去也曾掀起狂熱的潮流。當時中國各地的南美栗鼠專賣店與小動物專賣店如雨後春筍般湧現，確立了南美栗鼠作爲寵物的地位。

中國與日本還有另一層面上的差異：感覺有很多店家對展示方式格外講究。爲了看起來美觀，大多使用壓克力或玻璃飼育籠，地板鋪材也琳瑯滿目。若要論其展示方式是否適合南美栗鼠的生活，並不全然如此，但是大膽的構思令人獲益良多。

市面販售的南美栗鼠，有的批發自中國大規模的國內育種團體，有的與歐洲、加拿大、美國和日本的流通模式相似。較大型的專賣店裡，常態展示50～60隻左右，含不對外展示的在內，大約有100隻南美栗鼠。

買家傾向於盡可能追求高品質的南美栗鼠，體型大且毛皮漂亮的南美栗鼠最爲暢銷。據說如果是罕見的毛色，無論多麼高價都會立即賣出。

順帶一提，南美栗鼠在中國被稱爲「龍貓」。

如今風靡一時的熱潮已經暫時趨緩了，南美栗鼠以寵物小動物之姿，建立了穩固的地位。

儘管如此，飼養的人數推估是日本的數十倍以上。據說當地的飼主平均都會飼養5～6隻南美栗鼠，飼養1隻的是少數。

相對的，南美栗鼠用品的開發也遠比日本還要先進，販售著無數在日本看不到的商品。

此外，提摩西牧草在中國似乎不易取得，因此被視爲高價用品之一。的確，店內商品陳列區裡，牧草只佔了極小部分。專賣店的人表示，今後希望致

中國有許多南美栗鼠專賣店。

與日本情況不同，對南美栗鼠的展示方式十分講究。

寵物用品展（北京）上十分顯眼的南美栗鼠巨大看板。

力於確保提摩西牧草的流通。

我在中國以貓狗為主的寵物用品展上最感吃驚的是，四處張貼著南美栗鼠的巨大海報，還在會場極其顯眼的上空懸吊著南美栗鼠的看板，反觀在日本的展覽會上連一張南美栗鼠的海報都未曾見過，這點再再訴說著南美栗鼠在中國的地位。

香港
即便高溫多濕，地位仍屹立不搖

相較於日本，香港的氣候濕度高且極其炎熱。儘管如此，南美栗鼠還是在當地掀起一陣爆發性的熱潮。

如今，南美栗鼠的地位早已無法動搖。探究其原因，是因為香港的氣候高溫多濕，一整年都開著空調早已司空見慣的緣故。

香港街道比其他國家窄得多，居住空間也與日本相近，大多不怎麼寬敞，因此小動物似乎頗受歡迎，和貓狗不相上下。

有別於中國，香港沒有單賣南美栗鼠的專賣店，「兔子‧南美栗鼠」、「兔子‧天竺鼠‧南美栗鼠」、「南美栗鼠‧倉鼠」等，網羅熱門小動物的小動物專賣店多不勝數。

兔子以長毛種較受歡迎，因為這種偏好，毛相對較長的南美栗鼠人氣似乎也不低。

此外，香港有比較多哈日族，店面陳設等也和日本很像。不過，展示方式與中國相似，是使用壓克力或玻璃，

從中國採購用具與備品似乎比較便宜。

香港的邦交比中國來得開放，所以進口用品也頗為豐富。其中也有日本的商品，因為安全且品質優良而大受青睞，能夠網羅多少日本商品似乎也會左右其顧客群。

另外，就像日本的「～通」一樣，相同行業的店家並排林立所形成的商街形式，也是香港的一大特色。

雖然因此成為激戰區，但優點是只要在那條街上做生意，自然會有大量顧客上門。

香港的小動物專賣店招牌。

日本製的寵物用品，在香港頗受喜愛。

香港寵物商店所展示販售的南美栗鼠。

目前香港市面上所販售的南美栗鼠，流通方式與日本沒有太大差別。幾乎都是自歐洲進口，但從美國進口的南美栗鼠比較受歡迎。

和日本的差異應該在於，市面上有不少來自中國的低價繁殖個體。在這裡也是以體型較大且毛較長的南美栗鼠賣得最好。

歐美
頻繁舉辦南美栗鼠展示會

美國與歐洲為盛行育種的社會，各地都頻繁舉辦南美栗鼠展示會。英文說的「Show」，日文會以「品評會」來表達。

品評會的參加者主要是育種家。日本或許有不少人對育種家這個名詞的印象不佳，但所謂的育種家原本是指該動物物種的專家。學習並研究該物種，透過適當的形式適當繁殖該動物，以流傳後世為目的來進行育種。

針對每一個物種的身體骨骼、外型、毛色與毛質等皆設有一套基準，稱為標準規範。標準規範是為了「讓該動物盡可能健康且充滿魅力地活著」而存在的基準。

另外，為了確立這套標準規範並盡可能地遵守，育種家會日復一日持續學習與研究。

展示會或品評會即是展現其成果的場所，同時也是使人們理解其箇中苦惱，讓育種家接受評價與建議之所。

此外，育種小組之間會彼此切磋琢磨，也會每天學習與南美栗鼠相關的知識與疾病預防的方法等，目的在於不斷精進技術。

國外的這類活動中所蘊含的重要概念之一，便是孩子的教育。育種家們透過讓孩子飼養南美栗鼠，來教導他們生命的重要、與動物生活的樂趣，以及學習的趣味。也讓這群孩子們成為未來的主力。

而南美栗鼠展示會，便是展現每日學習成果與對南美栗鼠之愛的場所。

所謂的南美栗鼠展示會

展示會會依毛色、年齡與性別劃分等級。不同的毛色還會依深淺再做分級。

決定好同一毛色中的第1名後，再決定所有毛色中的第1名。

會先把一隻隻南美栗鼠放入提箱中，再登上審查台。

審查時，並不會碰觸到牠們的身體，首要理由便是為了防止因審查員接

在南美栗鼠展示會上獲獎的紫羅蘭種。

觸而弄亂毛流、造成掉毛或使毛沾附手上的油脂。

此外，還要關掉室內電燈，以日光燈的光來照射，這些做法都是為了清楚觀察南美栗鼠的毛色與毛質所做的考量。

審查員會隔著提箱定睛細看，不斷打量著南美栗鼠，還會拿起提箱，確認性別或從下方審查其整體樣貌。

審查員皆身穿白衣，禁止穿著有顏色的衣服，因為衣服顏色會映照在南美栗鼠身上而無法進行正確的審查。

會場各處皆十分乾燥且寒冷，是連日本人穿著大衣都會覺得冷的溫度。為了讓頂級的毛質維持在頂級狀態接受審查，這個程度的溫度是必須的。

評選南美栗鼠的標準規範，基本上是骨架粗而身體較寬，脖子短縮而毛皮厚實。

至於臉圓不圓、眼睛或耳朵的大小等，則幾乎不影響審查結果。

在美國的全國南美栗鼠展示會（一年中最大的展示會）上詢問審查員：「最終的決定關鍵為何？」得到的答覆是：

「難以抉擇是常有的事。在同樣毛色的審查中，身體大小差不多時，便看誰的毛質較佳，如果毛質幾乎無異，體型較大者即為第1名。若是所有毛色的最終審查，則由顏色最接近該毛色標準規範的南美栗鼠拔得頭籌。」

在犬展中，最終審查也會決定所有犬種中的第1名，應該有人感到疑惑，為什麼能以不同的外型做比較來決定第1名呢？

因為審查員並非以參賽者互相對照比較，而是依腦中的標準規範來審查眼前的每隻動物，因此即便種類各異仍可選出第1名。

這點南美栗鼠也是一樣的，即便毛色不同、身形各異，仍可依標準規範為基準來打分數，然後最終由該物種特徵最顯著者雀屏中選。

育種家與在場者緊盯著審查過程。

身穿白衣的審查員認真地討論著。

南美栗鼠展示會的評判是在昏暗的室內進行。

守護野生南美栗鼠
"Save the Wild Chinchillas"

自從1983年智利國家森林協會（CONAF）制定了國立南美栗鼠保護區以來，將近半數的野生南美栗鼠都棲息於受柵欄保護的地區。而剩餘的大半則是住在因為是私有土地而無物理性保護措施的土地上。如今，法律已禁止狩獵南美栗鼠，牠們根據「瀕臨絕種野生動植物國際貿易公約（CITES）」而獲得保護。然而，令人遺憾的是，南美栗鼠的棲息地仍因其他草食性動物的生活、人類砍伐木材與採礦等而持續受到破壞，其總數日益減少。

設置保護區之初，得到世界自然保護基金會（WWF）與CONAF的援助，各種研究團隊都為了南美栗鼠的生態觀察與保護而動員起來。其中，發現短尾南美栗鼠並確認其棲息地的Jaime E. Jimenez也以調查專案團隊一員的身分四處奔走。然而，CONAF卻在1990年代初期終止了調查。

如今，身為「Save the Wild Chinchillas」代表的Amy Lorraine Deane，曾於1995年1月左右針對保護區裡的野生南美栗鼠做了相關學習。還於同年6月接受遠渡智利的費用資助，並獲得智利政府的允許，待在保護區「Reserva Nacional Las Chinchillas」裡生活。1997年結識了還在進行南美栗鼠調查的Jaime E. Jimenez與多位研究者，為了和他們合力守護野生南美栗鼠，而設立了非營利團體「Save the Wild Chinchillas」。

這個團體的目標在於，積極地作為直到野生南美栗鼠絕對不會絕種為止，並且對此充滿信心。為此，該團體

取自「Save the Wild Chinchillas」的啟蒙簡章。

認為，南美栗鼠的棲息地狀況至關重要，必須停止地區生態系的破壞並加以修復。他們在南美栗鼠保護區內移植了超過1萬株原生樹木並栽培至今。具體的行動有採收種子、栽培植物、移植樹苗等，把食物帶進這個山區，以支持野生南美栗鼠的基本生活。

如今，保護區遭道路切分，一般認為這也妨礙了南美栗鼠群體的互助互生。此外，保護區以外的棲息地主要是煤礦公司的持有地，會不斷進行挖掘作業，還有其他飼養貓或狗的民宅、放牧山羊等家畜的農家散落各處，因此保護區以外的南美栗鼠保護狀況十分艱困。儘管如此，眼下「Save the Wild Chinchillas」仍為了爭取周遭的協助而奔走，還向非保護區的私有地所有者爭取在該土地上進行保護活動的許可，多方思考如何保護南美栗鼠並付諸行動。

為了讓活動更為活躍，還和智利的國立公園與學校合作，舉辦地區民眾的啟蒙活動。使用廣泛的教材，從科學性論文乃至繪本都有，爭取到國際上各領域專家的協助，持續地推廣相關運動。觀察近處的野生南美栗鼠，不要傷害牠們與牠們的棲息地，還有提供機會學習從旁援助的方法，這些在野生南美栗鼠的保護運動當中都極為重要。

而我們立即能做的，應該就是珍惜身為野生南美栗鼠的子孫、如今就在我們眼前的南美栗鼠寵物。

取自「Save the Wild Chinchillas」的啟蒙簡章。

日本的
課題與期待

日本的南美栗鼠目前主要仍為外來種,其地位尚不穩定。比起南美栗鼠展示會或由育種家所進行的物種保存或品質提升等研究,如何適當地流通、販售以及如何適當地飼育,才是日本待解決的最大課題。

為解決此一課題,日本國內有愈來愈多的育種家不再進行不合理的繁殖與不當的流通,大家均投注心力於適當的飼養,這亦可說是守護南美栗鼠的方法之一。

順帶一提,國外有許多國家禁止在貓狗寵物商店販售南美栗鼠,但日本目前仍會在寵物商店裡販售南美栗鼠。

國外的州或國家大多會採納動物愛護團體的提案,對賣方與買方都有嚴格的規定。比方說,買方需上課,飼育籠有規定最低尺寸等。

日本雖然有一步步推動賣方的相關規定,但對買方的規定仍毫無進展。因此,無論是開始飼育之前還是之後,自學、積極參加講習會並勤跑動物醫院等態度都愈來愈重要。

此外,日本首家美式南美栗鼠專賣店「皇家南美栗鼠」於2014年開張,成為南美栗鼠及其飼育方法重新受到關注的機會。

於此同時,南美栗鼠飼育研究會於2016年開始運作,不斷思考對南美栗鼠與飼主更好的生活為何,並加以援助。而且也持續推廣活動,比如舉辦飼育研討會、蒐集生活所需資訊並編列成清單等。

除此之外,2015年12月由南美栗鼠節執行委員會舉辦了日本首屆南美栗鼠感謝祭「第1屆日本南美栗鼠節」。

一切都是以提升南美栗鼠的地位、普及率、適當飼育,讓整體業界更健全且活躍為目標,參加或認同這類活動,不僅可以提升身為飼育者的知識,還能達到活化整體業界的效果,應該也能成為一股潛力,逐漸打造出對南美栗鼠而言宜居的社會。

以滿載著愛的心愛南美栗鼠照片,綴飾第1屆南美栗鼠節的會場。

Chapter 7

南美栗鼠的
健康管理

守護南美栗鼠的健康

如何預防生病？

認識野生南美栗鼠的生活

為了避免南美栗鼠生病，維持身心壓力小的生活十分重要。希望大家能理解，遠離其原生地生活本身對南美栗鼠而言就是一件充滿壓力的事，所以接下來想請大家認識牠們野生時期的生活、生態與習性，盡可能讓牠們舒適地生活。

野生南美栗鼠居住在位於寒冷乾燥地帶的安地斯山脈高地，置身於偶爾甚至會降至冰點以下的嚴峻大自然之中——這點在P.108已有介紹。話雖如此，或許還是很難讓人實際掌握南美栗鼠在野生時期究竟過著什麼樣的生活，不過應該足以理解國內的氣候有多麼不適合南美栗鼠。飼養南美栗鼠時，避免大幅度冷熱溫差與高溫多濕的對策是不可或缺的。

了解南美栗鼠野生時期的生活、生態與習性不僅有利於打造適合牠們的環境，在飲食方面也能派上用場。只要認識牠們最原始的飲食習性，想提供某些食物給自家寵物，卻不知能否提供而感到迷惑時，應該就可以成為判斷的基準。

為家中的南美栗鼠打造適合的生活環境

然而，也不能對野生時期的生態過於執著，迎接回家的南美栗鼠並非野生南美栗鼠，而是為了與人類生活而代代繁殖下來的個體。因為曾經處於冰點以下的大自然之中，就讓牠們待在寒冷的房間裡凍僵著生活，也稱不上是無壓力的生活。

生態與習性是飼養南美栗鼠的重要基本資訊，不妨根據這些基礎打造出符合自家南美栗鼠個性的生活方式。

維持健康的10項守則

1. 做好溫度管理
2. 做好營養管理
3. 做好衛生管理
4. 進行精神上的交流
   （了解並體諒南美栗鼠的心情）
5. 進行肢體互動
   （即便無法抱抱，也可撫摸牠們）
6. 具備高度的疾病預防相關意識
   （理解南美栗鼠一旦生病就很難治療）
7. 事先找好能為南美栗鼠看診的動物醫院（在生病之前就先與獸醫接觸交流）
8. 讓南美栗鼠充分運動
9. 飼主充分學習南美栗鼠的相關知識
10. 務必每天仔細觀察南美栗鼠

「習慣了」與
「正在忍耐」的差別

若在不清楚基本資訊的狀態下持續飼養，南美栗鼠的生活方式會因爲飼主的狀況與一廂情願而漸漸偏離牠們喜歡的方向。

例如：

● 我家南美栗鼠很健壯，所以飼育籠都是放在陽台上

● 我家南美栗鼠很怕冷，所以室溫都是設定在28℃

● 我家南美栗鼠不太喜歡牧草和固體飼料，所以都讓牠吃糖分高的食物或非南美栗鼠專用食品

● 我家南美栗鼠的個性膽大，大聲播放音樂也處之泰然……等等。

以上每一點對南美栗鼠而言，都大有問題。飼主很容易自以爲是地認爲，只要南美栗鼠接受就是「習慣了」。

然而，希望飼主能留意到，南美栗鼠並非「習慣了」，而是「正在忍耐」。在這種狀況下生活的南美栗鼠，身心都會不斷累積壓力。即便當下無礙，身體狀況也會漸漸衰弱而早夭，這樣的案例很常見。

此外，最近在網路上，應該常會瀏覽到關於「寵物龍貓」的五花八門資訊吧？或許有些飼主與龍貓的生活互動很令人羨慕，讓人很想模仿他們的生活方式，不過最好留心，還是要回歸到飼育知識的基礎上來進行思考。

平時的互動交流

爲了避免南美栗鼠生病，使牠們過著壓力較少的生活是最理想的，但應該還是有無法預防疾病或受傷的時候。儘管如此，及早發現疾病或傷口至關重要。

最好的方法便是平常就積極與南美栗鼠維持良好的互動交流。只要彼此互相了解，便能及早發現異於往常的跡象。早期發現應該就能趁症狀尚輕之時採取對策。

此外，維持互動交流還可成爲南美栗鼠精神上的支柱，使其擺脫充滿不安的狀態。倘若飼主與南美栗鼠彼此過於生疏，生病或受傷時的治療和護理都會對牠們造成很大的壓力。

南美栗鼠只要身體不適，精神上也會萎靡不振，如果飼主已經和牠們建

立了深厚的信賴關係，牠們的不安情緒也較能得到緩和。

爲了預防南美栗鼠生病或受傷，或是爲了使牠們儘早從疾病或受傷中復原，飼主最好隨時都抱持著一顆體貼入微的心來與南美栗鼠相處。

營養輔助食品知多少？

南美栗鼠這種動物在生病後的應對措施會比貓狗、兔子等寵物困難許多。

正因如此，預防生病才更爲重要，請大家一起努力爲牠們打造出健壯的身體吧！

基本上，透過攝取「以牧草爲主」的飲食，就能慢慢打造出健壯的身體。

不過，與人類一起生活的南美栗鼠還承受著不同於野生生活時的壓力度日，如此一來，我們也可以藉由有別於原本飲食生活的形式來提供牠們營養補給。這裡指的便是營養輔助食品。

關於南美栗鼠仍有許多尚未釐清的部分，所以一般是比照兔子的標準來使用營養輔助食品，不過與南美栗鼠一起生活後，便可漸漸掌握其身體狀況。

容易發生血液鬱滯、容易軟便、關節較差、容易得膀胱炎、身體容易掉毛、容易得皮膚病、身體虛弱等，如果家裡的南美栗鼠有身體比較弱的一面，爲牠們挑選能對症加以預防的營養輔助食品應該不錯。

此外，南美栗鼠爲草食性動物，只要強化腸胃，便能提高消化吸收功能，營養能被身體吸收，抵抗力與免疫力也會跟著提升。

大量掉毛的體質，或是正常進食卻瘦了，檢查也找不出特別原因，很多時候是因爲腹中狀態出了問題。

容易感到有壓力或天生腸胃較弱的南美栗鼠，單靠飲食無法順利吸收營養，因此有時須加入營養輔助食品。

然而，營養輔助食品絕非藥品，因此不能期待有治療之效。

醫治南美栗鼠的動物醫院

事先找好醫院的重要性

比起同為小型草食性動物的兔子與天竺鼠，南美栗鼠的身體構造或疾病尚有許多未解之謎。

因此，目前的現狀是，南美栗鼠一旦罹患重病就很難治療，有很高的機率獸醫也愛莫能助。

由於沒有相對應的疫苗，也沒有借助藥物的醫學性預防方式，所以早期發現早期治療、避免生病的生活方式變得極其重要。

據說南美栗鼠的年齡換算方式和小型犬一樣，因此1歲即17歲左右，2歲相當於20歲左右。之後每年增加4～5歲，考慮到這一點，應該至少每年健檢1次為宜。

迎接回家之前就先找好可以為南美栗鼠診察的動物醫院，這點自不待言，透過體檢讓獸醫觸摸並了解自家南美栗鼠，掌握其平常的狀態，通常可以

讓遭遇疾病時的治療過程更為順利。

尋找動物醫院是一個非常不簡單的任務，等到發現異常才開始找根本來不及，因此最好在生病之前就先找好。

此外，只要察覺南美栗鼠的模樣有一點點奇怪，請千萬不要有「再觀察一陣子看看」的念頭，最好立即向醫院洽詢。

尋找動物醫院的方式

經由朋友介紹、口耳相傳，或試著打電話到標榜「可以為特殊動物看診」、「可以為兔子看病」的動物醫院。

洽詢時，不要單純只詢問能否為南美栗鼠看診，而是要提出「臼齒長太長時可以幫忙磨剪嗎？」、「腹脹時可以幫忙治療嗎？」等具體的問題，獸醫應該也比較好回答。

趁南美栗鼠還健康的時候就先帶去幾家動物醫院健檢，和獸醫對話，提問時聽聽看他們的回答來判斷也是不錯的方式。

實際交談後，應該就能了解自己

與獸醫的契合度及醫院內的氣氛如何。

帶去動物醫院時

趁南美栗鼠很健康、想帶去醫院做健診時，必須把牠們放入P.50所介紹的外帶提箱等容器中，再帶牠們出門。尤其搭電車、或是必須在動物醫院的候診室裡待較長時間的時候，一定要避免讓南美栗鼠無端暴露在眾目睽睽之下，以不會令牠們過度緊張的形式帶出門比較好。還有，為了防止劇烈的溫度變化，最好用大毛巾等蓋住外帶提箱或覆上罩子。

在綜合動物醫院的候診室裡，有時會聽到狗的叫聲，如果南美栗鼠會怕動物叫聲，就必須待在醫院外面等候，所以也要留意當天的室外溫度。若是夏天，出門前請先做好消暑措施，冬天則要想好禦寒對策。尤其是已經生病的時候，切莫忘了好好幫南美栗鼠保溫。

找好能為南美栗鼠看診的動物醫院、實際生病得要去一趟醫院時，事先

致電後再前往，後續的診察會進行得比較順利。有些醫院必須先預約，有些則不必，無論如何最好都事先打通電話告知姓名，以及即將帶去的動物是南美栗鼠這件事。

積極的態度也很重要

診察過程中，飼主這方不妨採取積極交流的態度參與。如果飼主被動地待在那裡，診察時間會變得很空虛。可事先把想問的事情或感到不安的事情記下來，飼主進入診察室也會緊張，錯過詢問重要事項的機會也是可以預見的。

最近人人都可以輕鬆拍攝照片或影片，拍下寵物的狀態讓獸醫參考或說明病情，也是不錯的辦法。

南美栗鼠待在醫院的診察室裡，也會因緊張而表現得比平常躁動，即使疼痛處被獸醫摸到也毫無反應，或反而精神奕奕地在診察台上走來走去。如果獸醫看到這樣的情形而說「似乎沒什麼問題耶！」，飼主最好把狀況確實說明清楚。此外，帶著南美栗鼠的糞便請獸醫檢視，也有助於治療。

不妨養成在診察過程中，把醫生所說的話及開出的藥筆記下來的習慣。必須經常跑動物醫院時，建議試著製作南美栗鼠的看診筆記，作為自己的學習並順道向醫生報告。

南美栗鼠與貓狗不同，治療大多不太順利，所以希望飼主能夠明白，飼養這種動物必須抱持著隨時學習的覺悟與積極說明的態度。

生病的照護

看顧時的心理準備

生病時的治療不僅限於上醫院、看診、檢查、拿藥、餵藥，飼主努力讓南美栗鼠舒適地度過其他時間，其實更為重要。

為此，盡可能減輕牠們上醫院時的壓力、讓在家療養盡可能舒適一點、確實觀察在家的狀態、稍有一點變化就馬上向醫院報告或去一趟醫院、似乎無法自己攝取食物時便立即採取措施，這些作為都是必要的。

大部分的動物一旦生病，體溫就會下降，因此平常雖要格外留意避免南美栗鼠過熱，但某些情況下還是需要加溫。

確保沒有「縫隙風」灌入等自不待言，重新審視飼育籠內的布局、將飼育籠移至方便飼主觀察與交流的視線高度等，也能達到更好的照護效果。

然而，當因為生病而變得過度敏感，或是高齡的情況下，有時突然的變化反而會造成危險，因此最好循序漸進地進行才好。

此外，如果有同居的南美栗鼠，則須根據疾病類型進行分籠。

生病後會變得怯懦，也會因為與感情好的夥伴分籠而沮喪不已，飼主必須填補那塊空缺，比以往更常與牠們對話並陪伴在牠們身旁。

疾病嚴重或長期抗病以致精神上也變得無精打采時，飼主是南美栗鼠唯一的依靠。

如果連自己的精神狀態都不穩、容易心情低落，甚至生病或臥病在床，事後便會因為照護不夠周到而感到後悔，因此飼主在飼養南美栗鼠之際，最好留意這一點：對自己的身心健康管理也要能夠有信心。

【照護時的實用用品】

● 流質食物（粉末食品）

● 看護用口服補水液粉末

● 吸水性佳的軟墊

● 可用於餵藥的玻璃滴管

● 用於提供流質食物的注射器

健康檢查（文：角田 滿）

南美栗鼠的內臟器官

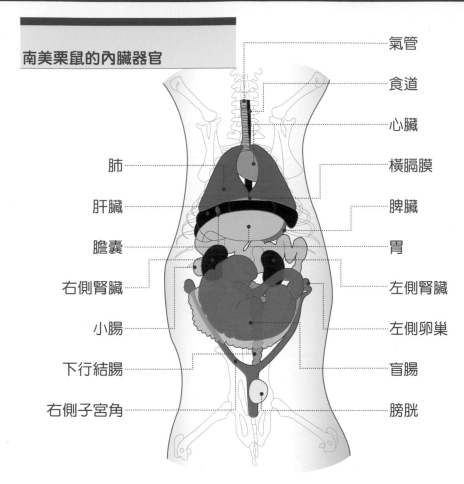

氣管
食道
心臟
橫膈膜
脾臟
胃
左側腎臟
左側卵巢
盲腸
膀胱

肺
肝臟
膽囊
右側腎臟
小腸
下行結腸
右側子宮角

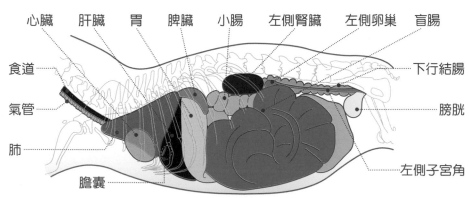

心臟　肝臟　胃　脾臟　小腸　左側腎臟　左側卵巢　盲腸

食道
氣管
肺
膽囊

下行結腸
膀胱
左側子宮角

眼

- ■是否有眼屎？
- ■眼睛看起來是否難以張開？
- ■眼瞼是否腫脹？
- ■眼睛是否變白？

檢查的重點

耳

- ■皮屑是否變多？
- ■耳內是否有大量耳垢？

鼻

- ■是否有打噴嚏或流鼻水？
- ■是否出現皮屑？
- ■是否有掉毛？

皮膚・毛質

- ■是否粗糙變硬？
- ■是否有結毛球？
- ■是否有掉毛、出現皮屑的情況？

口

- ■門牙咬合是否正常？
- ■門牙為黃色或橙色嗎？
- ■下巴下方是否濕漉漉的？
- ■是否想吃東西卻又立即放棄丟掉？

四肢

- ■是否出現皮屑？
- ■後腳跟是否磨破皮而腫脹？

生殖器

- ■是否有毛纏住陰莖？
- ■是否有白色且帶異味的液體從陰部流出？
- ■白帶多不多？

呼吸

- ■呼吸是否急促，腹部起伏是否變大？

體重

- ■體重逐漸下降？
- ■是否非發育期也未懷孕體重卻上升？

排泄物

- ■量是否變少？
- ■是否為軟便？
- ■糞便是否變小？
- ■是否排出了膠狀黏液？

尿

- ■是否混雜著血液？
- ■是否有排尿？

一起來了解何謂「正常」以便早期發現異狀

南美栗鼠當然不會以語言來表達身體不適等狀況，所以最好由我們飼主多加留意。

平常的健康檢查固然重要，最關鍵的卻是了解何謂「正常」。很多時候都是注意到了「不正常」，才早期發現到「疾病」。

因此要在還健康時，事先仔細觀察牠們的身體，才能夠察覺其變化。如果有無法分辨之處，最好到醫院就診。

每天照顧時順便做健康確認

尤其是糞便的排出量與形狀，最好在每天照顧南美栗鼠的時候確實做確認。

出人意料的是，判斷南美栗鼠是否有進食並不容易。

觀察固體飼料等補充食品是否減少並非難事，但是牧草這種食物卻不容易確認。因為並非提供吃得完的量，而是提供大概會有剩的量，所以基本上不會吃光。

很多時候以為有減少，卻只是被南美栗鼠亂丟四散罷了。不妨以食慾不振時糞便量會減少作為判斷標準。

此外，如果有在進食，糞便量卻很少，亦可懷疑是便祕等原因造成。

由於每天都在差不多的時間點進行照顧的工作，應該多少能注意到「量」等相關變化。

建議每天執行例行性照顧2次，如此便能掌握自家南美栗鼠一整天的規律，比如早上糞便較多、晚上較少等，發生便祕時就能早點察覺，達到早期發現的目的。

日常照顧中的健康檢查
☐ 事先了解何為「正常」
☐ 照顧的同時，也確認糞便的量與形狀
☐ 檢查食物的減少狀況
☐ 每天於同一時間進行照顧
☐ 了解自家南美栗鼠一整天的規律

拜託你了！

好發疾病（文：角田滿）

牙齒疾病

南美栗鼠和兔子、天竺鼠、八齒鼠一樣，門牙（前牙）與臼齒（後牙）皆為常生齒，一生都會不斷地生長。門牙上下各2顆，臼齒則是上下各8顆，合計共20顆，門牙1週內會生長2.4～3.0mm。

南美栗鼠的門牙前側為橙色，幼齡時期顏色較淡或呈白色。這個帶有顏色的部位稱為琺瑯質，人類的牙齒肉眼可見的部分全都有琺瑯質覆蓋，但南美栗鼠的牙齒則只有前側才有琺瑯質。

臼齒咬合不正

▶這是什麼樣的問題？

由臼齒未能充分磨減所引起。過長的牙齒會在口腔黏膜上造成傷口，因為疼痛而使南美栗鼠食慾不振。食慾不振的狀態持續的話，有時會演變成營養不足狀態、腎衰竭或鼓腸症。

輕度的咬合不正很多都不太有症狀，一般來說，較常見的是初期會漸漸不吃像牧草等需要多咀嚼的食物。若家中南美栗鼠有只吃固體飼料卻不吃牧草的情況，很可能已經發生咬合不正的問題了。

然而，南美栗鼠吃牧草時會撒得到處都是，很難掌握實際吃下的量。無法分辨時，不妨測量體重或確認糞便的大小和數量，如果進食量少，糞便就會變小、變少。

此外，流出大量唾液通常也是咬合不正的警訊。下巴下方或手的內側溼答答的、毛都黏在一塊兒的話，很可能是唾液大量流出所致。南美栗鼠會用流著口水的嘴巴進行理毛，使毛皮的狀態變差。

有時會發生咬合變差的臼齒，牙根過長而從下顎骨突出去。通常不會出現明顯症狀，但若引起感染就有化膿的危險性。

▶治療法

將過長的臼齒剪短，使其接近原本的齒列。一般都會全身麻醉來進行治療，但如果是因為腎衰竭等疾病而承受不住全身麻醉的個體，則利用鉗子般的醫療用牙科器材，將臼齒過長的部分大力一折加以切斷。這種治療方式只適用於過長臼齒又細又尖的部分。

此外，還有一種案例是最後方的臼齒往後生長，這種情況若不全身麻醉會相當棘手。

如果以全身麻醉的方式來治療，會使用醫療用牙科器材來削磨整平。與不麻醉的情況相比，麻醉會讓嘴巴放鬆，因此可以仔細地確認牙齒的狀態。

假如進行了治療，口腔炎卻遲遲未癒，或是引發感染等，則必須評估

是否需要開立消炎止痛劑或抗生素等
藥物。

　　另外，在食慾改善之前，不妨使
用流質食物以強制餵食的方式來餵南
美栗鼠，調整好牠們的身體狀況。

▶預防法
　　南美栗鼠在原本棲息的環境中，
是吃著含矽而非常硬的草過活。所以
我們所提供的牧草會比其原本吃的食
物軟。尤其是固體飼料，幾乎不太需
要咀嚼就能吃下肚，因此最好確實供
應牧草比較好。

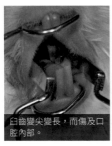
臼齒變尖變長，而傷及口腔內部。

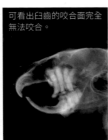
可看出臼齒的咬合面完全無法咬合。

門牙咬合不正

▶這是什麼樣的問題？
　　啃咬飼育籠的金屬網等，比牙齒
還要堅硬的東西，有時會導致門牙咬
合不佳。可能會往嘴內彎捲生長，通
常從外觀很難察覺異常。門牙原本的
作用是將食物切小以便進入口中，如
果有食物都送到嘴邊了還放棄不吃，
或是只吃一些能順利入口的小型食物
等狀況，都必須格外留意。此外，有
時臼齒咬合不正會連帶讓門牙也咬合
不正。

▶治療法
　　利用醫療用牙科器材將牙齒過長
的部分剪掉。一旦咬合不正就很難改
善，必須定期剪牙。在網路等處可看
到在家用鉗子折斷門牙等方法，但是
這麼做會有折斷下顎骨或使牙根化膿
的危險性，對南美栗鼠來說太過粗暴
了，因此絕對不可行。

▶預防法
　　如果南美栗鼠總想啃咬飼育籠，
請利用木製柵欄等使其無法啃咬到金
屬。最好思考牠們想啃咬的理由並做
出應對之策。

往嘴內彎捲並持續生長的上顎門牙。

齲齒與牙周病

▶這是什麼樣的問題？
　　所謂的齲齒，是指口腔內細菌分
解糖所產生的酸，腐蝕牙質所造成的
疾病，即所謂的蛀牙。牙周病則是齲
齒或牙根過長，導致牙齒與牙齦之間
被細菌感染所引起。

　　一般認為，齲齒是纖維質較少的
食物或含糖營養輔助食品等所引起。
還有某項研究報告指出，人類飼育的

南美栗鼠中，有63％曾患牙周病，52％有齲齒。

若觀察到口臭嚴重、大量口水流出、磨牙或口腔內疼痛等狀況，最好帶南美栗鼠到動物醫院求診。

▶治療法

此疾病很難快速根治，需要耐心治療。針對細菌感染須使用抗生素，而引起牙周病時大多會伴隨著疼痛，因此須使用消炎止痛劑等。

另外，通常會同時引發臼齒咬合不正，有時進行咬合不正的治療可以減輕症狀。

▶預防法

一般認為，是給予過多低纖維質食物或含糖補充食品等原因所引起，所以最好確實提供牧草，供應糖分較多的補充食品則須有一定的分量限制。

消化器官疾病

腹瀉

引發腹瀉的原因有很多。腹瀉發生前，大多會排出水氣較多而表面有光澤的軟便，因此若觀察到這類糞便變多時，最好到動物醫院就診。不妨帶著較為新鮮、尚未乾燥的糞便到醫院，以保鮮膜等包捲以免乾掉，因為放久而乾燥的糞便，有時會找不到梨形鞭毛蟲等寄生蟲。此外，不妨把供應的食物內容彙整起來，以利觀察飲食是否有變化。

此外，有些傳染病是人畜共通傳染病，所以在清掃環境時最好戴著口罩，清掃後也請務必洗手。

飼育問題引起的腹瀉

▶這是什麼樣的問題？

有時是飲食內容不適當、急遽的冷熱溫差變化，或者壓力所引起的。攝取過多因保存不當而有真菌繁殖的牧草、蔬菜，或是提供太多含糖點心、葡萄乾、堅果等，都有可能引起腹瀉。

▶治療法

最好提供適當保存且纖維質豐富的飼料或食品。

感染性腹瀉

會引起感染性腹瀉的有梨形鞭毛蟲、隱孢子蟲、綠膿桿菌、腸炎型耶爾森氏菌、肺炎桿菌、李斯特菌症、短小包膜絛蟲、酵母菌等。

梨形鞭毛蟲病

▶這是什麼樣的問題？

每份報告各異，但據說3～6成的南美栗鼠身上都有這種寄生蟲，似乎大多都是在因為壓力或罹患其他疾病等而免疫力下降時出現症狀。

梨型鞭毛蟲病（*Giardia duodenalis*）也會傳染給人類，因此確認是否有軟便

或清掃南美栗鼠飼育籠時，最好全程戴著口罩。

▶治療法

一般是使用名為甲硝唑或芬苯達唑的驅蟲劑。據說甲硝唑偶爾會在南美栗鼠身上引起肝毒性。開始治療後，若確定有食慾不振的狀況，最好到動物醫院診斷是因腹瀉還是藥物所引起，再評估治療方法。此外，腹瀉會導致水分流失而引起脫水症狀，因此必須打點滴。

▶預防法

罹患過一次梨形鞭毛蟲病的南美栗鼠，有時還會再復發。季節交替之際等容易引起身體狀況變化的時期，最好格外留意是否有軟便。此外，梨形鞭毛蟲可經由糞便感染，如果有其他一起飼養的南美栗鼠，在確認到排出軟便的當下，便應該將生活環境劃分開來為宜。

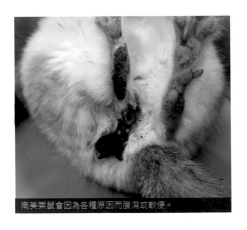

南美栗鼠會因為各種原因而腹瀉或軟便。

其他寄生蟲性腹瀉

▶這是什麼樣的問題？

有時是因為一種名為隱孢子蟲的原蟲存在於胃、小腸、結腸的黏膜中，感染而導致腸絨毛萎縮，進而造成嚴重腹瀉。

雖然機率微乎其微，不過有時會有一種名為短小包膜條蟲的條蟲綱類安居在小腸的腸絨毛中長大，引發腹瀉或腸套疊問題。

▶治療法

目前尚未確立隱孢子蟲相關的治療法。短小包膜條蟲則使用驅蟲藥來對付。和其他腹瀉一樣，須積極打點滴以防止發生脫水情況。

腸毒血症

▶這是什麼樣的問題？

動物的消化道內住著好菌與壞菌，各式各樣的細菌維持著生理運作的平衡。南美栗鼠的消化道內住著以革蘭氏陽性菌為主的多種細菌，然而，一旦使用某些抗生素，就會導致革蘭氏陽性菌死絕，而使梭菌屬增生。梭菌屬中有一種名為A型的細菌，其產生的毒素會破壞消化道黏膜，造成嚴重腹瀉、食慾不振、腹痛，甚至喪命。

容易引起這種症狀的抗生素多不勝數，有青黴素類、頭孢菌素類、巨環內酯類、四環素類、林可黴素類、鏈黴素等。可以安全使用的抗生素則

有新型喹諾酮類、磺胺類與氯黴素。去氧羥四環素雖為上述四環素類的一種，但使用起來比較安全。

▶治療法

腹瀉常伴隨著脫水症狀，因此必須打點滴，並且使用促進腸胃蠕動的藥物以使消化道的運作恢復正常。為了趨近原本腸內細菌的狀態，有時也會讓生病的南美栗鼠食用健康南美栗鼠的糞便、人類食用的活菌優格、乳酸菌製劑等。

▶預防法

最重要的是，不要讓南美栗鼠使用具有危險性的抗生素。飼主依自己的判斷餵食抗生素是非常危險的，最好依循獸醫的處方來使用。即便是一般認為安全的抗生素，有時也會引發軟便或食慾不振，此時最好立即找獸醫討論是否應該停藥。

腸套疊

▶這是什麼樣的問題？

腸子從肛門跑出來才會發現。通常是緊接在腹瀉等所引起的「裏急後重」（頻繁有急迫便意卻難解或解少）狀況之後發生，但有時即便糞便狀態良好也會突然發生。所謂的腸套疊，是指腸子互相重疊的意思，發生在南美栗鼠身上時，套疊的部分多半會從肛門跑出來。腸子從肛門跑出來的疾病中，有一種是直腸脫垂，不過南美栗鼠幾乎不會罹患此病。

▶治療法

感覺好像把跑出來的部分回歸原位即可治癒，但實際上，大多時候在距離肛門很遠的部分就已經發生套疊狀況，因此緊急執行剖腹手術是唯一的治療方式，透過剖腹手術讓套疊的腸子恢復原狀。

發生後若拖太長時間，套疊的腸子會因為供血不足而壞死，壞死的部分必須切除，但是對身體的傷害極大，預後並不樂觀。

如果發現腸子跑出來，最好緊急送往動物醫院。

便祕

▶這是什麼樣的問題？

南美栗鼠很常發生便祕。一般認為，是因為飲食中的纖維質不足、脫水、環境壓力、腸阻塞、肥胖、運動不足、食入毛球、懷孕等各式各樣的原因所引起。發生便祕時，如果排出又細又短的糞便、臭氣沖天的糞便、混著血液的糞便等，則須格外注意。

▶治療法

打點滴來改善脫水症狀，同時使用促進腸胃蠕動的藥物。若因便祕而引發鼓腸症，則一併服用止痛藥等。

▶預防法

最好讓南美栗鼠多運動並提供纖維質多的食物。

鼓腸症

▶這是什麼樣的問題？

腸胃裡積氣，腹部鼓脹變大的疾病。是在突然改變飲食內容或攝取過多食物的情況下，因為環境與精神上的壓力或腸胃不蠕動所引起的症狀。育兒期間的母南美栗鼠在產後2～3週左右容易引發低鈣血症，有時也會引起鼓腸症。症狀有：腹部鼓脹變大，因為腹脹感到不適而多次變換身體姿勢。有時也會有流口水的症狀，因而被誤判為咬合不正。

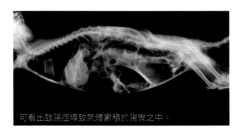

可看出鼓腸症導致氣體累積於腸胃之中。

▶治療法

會同時使用腸胃蠕動促進劑、消泡劑與點滴等來進行治療。如果還是沒有改善，且因腹部鼓脹而造成呼吸急促，則會在全身麻醉的狀態下使用軟管抽出胃中的氣體。倘若出現低鈣血症，則會注射補鈣劑來補充治療。

▶預防法

最好提供纖維質較多的食物，避免給予太多點心類。請在整頓環境、減輕壓力與運動方面多費些心思。

傳染病

耶爾森氏菌病

▶這是什麼樣的問題？

耶爾森氏菌會對迴腸、盲腸與大腸造成傷害，引發腸炎。也會在肺部、脾臟與肝臟繁殖，進而造成南美栗鼠喪命。

有食慾不振、元氣盡失、流出大量唾液等症狀，還會引發便祕或腹瀉，甚至引起猝死。

▶治療法

餵食四環素類的抗生素。症狀嚴重的話，很多時候即便進行適當的治療也回天乏術。

▶預防法

一般認為，來自野生齧齒類的感染十分危險，因此最好避免接觸到其糞便等。

克雷伯氏菌病

▶這是什麼樣的問題？

克雷伯氏菌病是名為肺炎桿菌的細菌所造成的傳染病。

會引起食慾不振、呼吸困難與腹瀉，進而導致死亡。大多在出現症狀後約5天即死亡。

肺炎桿菌會感染肺部、腸胃、腎臟等多個器官。

▶治療法

餵食抗生素來進行治療，爲死亡率較高的傳染病，因此早期治療十分重要。

▶預防法

最好與疑似感染的動物隔離開來比較好。

疱疹病毒傳染病

▶這是什麼樣的問題？

目前已知是人類所說的唇皰疹，即單純疱疹病毒1型感染南美栗鼠後所造成的疾病。會引發進行性中樞神經問題，時空認知障礙、痙攣發作、躺臥而四肢無力等症狀。其他還會出現結膜炎、瞳孔放大、葡萄膜炎、化膿性鼻炎等各式各樣的問題。此外，有時還會引發猝死。

一般認爲，感染源是來自帶有病毒的人類，一旦感染南美栗鼠的眼睛後會出現全身性的症狀。目前已知病毒也會對腎上腺、脾臟與肝臟這類器官造成損傷。

▶治療法

沒有特別的根治治療法，主要進行症狀治療。

▶預防法

感染了這種病毒的人類也不在少數，因此透過隔離南美栗鼠來預防應該不太容易。

綠膿桿菌

▶這是什麼樣的問題？

所謂的綠膿桿菌，是存在於生活環境中的菌類之一，在無臨床症狀、健康正常的南美栗鼠身上也找得到。常見的初期症狀爲結膜炎。會引發食慾不振、體重下降、嗜睡、糞便減少等問題，還會引起腸炎、肺炎、中耳炎或內耳炎、子宮內膜炎、乳房炎、流產、軟骨炎等。若這些病情再惡化，就會出現神經傳導異常，因敗血症而喪命。

▶治療法

進行藥物敏感試驗，使用適當的抗生素。然而，綠膿桿菌會形成一層名爲生物膜的薄膜來抵禦抗生素，還會在膜上繁殖，因此有時成效不彰。

▶預防法

一般認爲，綠膿桿菌會在飲用水等處繁殖，使感染情形惡化，因此飲用水最好保持新鮮潔淨。

神經疾病

發作

南美栗鼠會因爲各種理由而引發癲癇發作般的症狀。

所謂的「癲癇發作」，是起因於腦部的症狀。

南美栗鼠似乎有不少腦炎的病例。已提出報告的有疱疹病毒傳染病、李斯特菌症、淋巴球性脈絡叢腦膜炎、腦脊髓絲狀蟲症等。

其他另有誤食鉛而中毒，引發痙攣發作、喪失視力的病例。最好火速帶寵物到動物醫院接受治療。

斜頸

脖子往斜邊傾斜的狀態，即稱爲斜頸或前庭疾患。

主要分爲腦部所引起的中樞性前庭疾患與中耳炎等所引起的末梢性前庭疾患。

李斯特菌傳染病或疱疹病毒傳染病即屬於中樞性疾患。

雖非國內的病例，但北美產的南美栗鼠，曾有個體是被浣熊貝利斯蛔蟲寄生於腦中，進而引起腦線蟲症，據說引發了斜頸與麻痺症狀。

脖子往斜邊傾斜的斜頸（前庭疾患），有中樞性與末梢性之分。

中耳炎

▶這是什麼樣的問題？

位於鼓膜深處的中耳受到細菌感染所引發的疾病，會引起斜頸、搖頭晃腦、顏面神經麻痺等問題。有些細菌感染的案例是因爲外耳炎導致細菌突破骨膜進入中耳，也有些是因爲呼吸器官傳染病而經由耳道引發感染。

X光檢查若顯示可能有膿聚積於名爲「鼓室胞」的部位，或是從外耳確認到如耳漏般的膿，即可確診。

▶治療法

餵食抗生素。若細菌感染惡化而對周圍造成不良影響，進而引發內耳炎或腦膜炎，則預後狀況不容樂觀。

▶預防法

南美栗鼠是耳朵較大的動物，易於觀察耳朵內部。定期健康檢查時最好確認耳朵內是否有髒污堆積。

呼吸器官疾病

呼吸變急促有好幾種原因，主要有：肺部或氣管等呼吸器官疾病、血液循環不良引起的心臟疾病、腹部鼓脹壓迫胸口導致呼吸困難的鼓腸症、中暑等。若呼吸變得急促，最好避免強迫南美栗鼠移動或使他們過於激動，並盡快帶去動物醫院。

呼吸器官傳染病

▶這是什麼樣的問題？

年少、幼齡或承受過度壓力的南美栗鼠，很容易發生鼻黏膜細菌感染，引發打噴嚏或結膜炎。有些重症案例還會引起肺炎而死亡，尤其是大量流鼻水的案例必須格外注意。當無法用鼻子呼吸時，南美栗鼠會改為張嘴呼吸。

病原菌有肺炎桿菌、支氣管敗血性博德氏桿菌、肺炎鏈球菌、綠膿桿菌、肺炎巴氏桿菌等。

目前已知A型流行性感冒會傳染給牠們，雖不會單獨出現症狀，卻可能因感染而加重細菌傳染病的病情。

▶治療法

餵食適當的抗生素來進行治療。有口服藥，也有點鼻劑。鼻水有時會塞住鼻孔，因此最好定期清潔鼻子周邊。如果鼻水凝固黏住了，不妨用溫熱的水化開後去除。呼吸困難的感覺加劇時，必須送入氧氣室。若因呼吸困難而無法以口服餵藥，則改用噴霧治療器或注射針劑。

▶預防法

身處不衛生、濕度高、換氣不足的環境，容易引起呼吸器官傳染病。最好提供衛生舒適的生活環境。

心臟疾病

▶這是什麼樣的問題？

心臟的作用便是像幫浦般把血液送往全身各處，若其中一部分的血液發生逆流，致使血液循環無法如常運作而使身體狀況變差，即為所謂的心臟衰竭。

目前的病例中，也有先天性心臟異常的個體，例如心室中隔缺損等。後天性心臟疾病則有二尖瓣閉鎖不

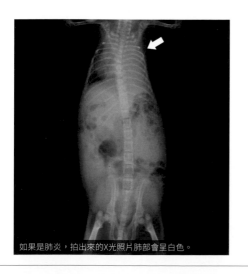

如果是肺炎，拍出來的X光照片肺部會呈白色。

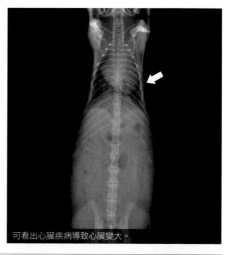

可看出心臟疾病導致心臟變大。

全、三尖瓣閉鎖不全、擴張性心肌病等各式各樣的病例。

其他動物在聽診時如果聽到雜音，生病的可能性極高，但目前已知南美栗鼠即便心臟正常，仍會聽到雜音。

一般會透過超音波檢查或X光檢查來確認心臟的構造與大小，藉此進行診斷，但運用於體型小巧的南美栗鼠身上並不容易，有時會因此無法查清原因。

症狀大多發生得比較突然，會引發急性的呼吸困難。一旦呼吸困難就會難以進食。

▶治療法

比照其他動物來進行治療。尤其是發生肺水腫等狀況時，會利用利尿劑讓呼吸變輕鬆。準備氧氣室等作為輔助也很重要，可讓南美栗鼠輕鬆地呼吸。

若是因呼吸困難而不進食，強制餵食等做法也很危險，因此加深了執行的難度。不妨靜待治療改善呼吸情況。

為無法治癒的疾病，因此持續餵藥十分重要。

▶預防法

一旦察覺到運動量下降或呼吸急促，最好到動物醫院就診。

呼吸的狀況可以觀察腹部的起伏，確認動的幅度是否比平常還要大還要快等。

眼睛疾病

結膜炎‧角膜炎

▶這是什麼樣的問題？

如果出現眼屎或淚水、眼瞼微腫變紅，可能就是罹患了結膜炎。有時是因鼻炎等而引起的症狀，但大多時候應該是砂浴的鼠砂所造成的。

名為角膜的眼睛表面出現發炎症狀，即為角膜炎。在大部分的病例中，結膜炎與角膜炎會同時發生。可利用試劑來診斷眼睛裡是否有傷口。

若大量流淚有時是咬合不正（參照牙齒疾病）造成的，最好格外留意。

▶治療法

治療結膜炎是使用抗菌藥、消炎藥（類固醇、非類固醇）的眼藥水。通常會併發角膜炎，角膜如果有傷口則不得使用加了類固醇的眼藥水。復發時請勿擅自判斷病情點藥，務必到動物醫院就診拿處方為宜。如果角膜受傷，則一併使用角膜上皮損傷治療藥，假如是遲遲無法痊癒的難治型眼疾，則可考慮施打麻醉直接對眼睛進行治療。眼藥水會沾濕眼睛周圍，導致砂浴的鼠砂容易沾黏，因此治療期間不妨暫停砂浴。

要是評估有「因為太在意眼睛的不舒服而弄傷自己」的危險，則可讓牠們戴伊莉莎白頸圈（透明的）。

　　爲了維持毛的狀態，砂浴是必須的，絕不可完全捨棄。藉由改變商品、改變鼠砂的粗細等方式，有時能有效預防復發，因此如果多次反覆患病不妨試看看。此外，有些案例是弄髒的鼠砂導致細菌或眞菌感染，所以最好盡量每天將鼠砂全面換新。

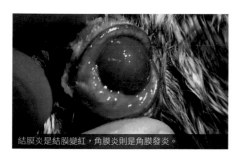
結膜炎是結膜變紅，角膜炎則是角膜發炎。

白內障

▶這是什麼樣的問題？

　　眼睛中的水晶體（調節焦距之處）變白且混濁，眼睛看似變白的疾病。一旦完全變白，光就無法抵達視網膜而失明。根據報告顯示，最早可能發病於2歲，平均則是8歲左右開始。患有糖尿病的個體也很有可能得白內障。

▶治療法

　　基本上無法可治。若尙未完全變白則使用有助延緩惡化的眼藥水。

▶預防法

　　沒有預防的方法，不過卽便失明，生活上應該也還過得去。有時會對突如其來的聲響等感到害怕，因此

要靠近南美栗鼠時，最好出聲告知。此外，飼育籠內或作爲玩耍區的房間若突然改變物品的擺設位置，南美栗鼠會因爲看不到而感到混亂不安，也會有受傷的危險。這種時候請盡量不要改變牠們的生活環境，將高低差也降至最低爲宜。

導致水晶體變白濁的白內障，平均好發於8歲左右。

生殖器官疾病

子宮疾病

▶這是什麼樣的問題？

　　雌鼠會因爲各種理由而罹患子宮疾病。有子宮內側細菌感染所引起的子宮內膜炎、惡化後化膿且膿汁蓄積於子宮內所引起的子宮蓄膿症、黏液積存於子宮內所引起的子宮水腫等。雖然較爲少見，但也有子宮平滑肌瘤等腫瘤病例。

　　主要的症狀是陰部出血或流膿、食慾不振。如有陰部的症狀會比較容易診斷，但有些時候是未出現明顯症狀，透過檢查而發現的。陰部周邊離肛門很近，也常因腹瀉等原因而弄

髒，可能導致太晚發現症狀。此外，有時不見得會出血或排膿，結果使液體大量積存於子宮而造成腹部脹大。

▶治療法

如果確定子宮出血或流膿，在確實掌握全身狀態後，會透過剖腹手術將卵巢與子宮摘除。

若因子宮蓄膿症引起腎衰竭，則先進行點滴治療等，有所改善後再進行手術較為理想。

然而，點滴治療未必見效，這類案例的手術時機判斷會變得十分困難。

使用止血劑等，有時可以止住出血，但若再出血，會有出血量大而造成失血過多死亡的危險性，因此及早動手術較為理想。

▶預防法

無特定預防法。南美栗鼠的卵巢子宮摘除手術不太普及，最好尋找具有手術經驗的動物醫院。

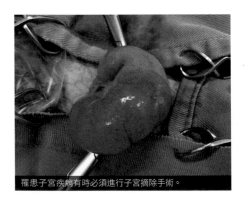
罹患子宮疾病有時必須進行子宮摘除手術。

從陰部排膿為子宮疾病的症狀之一。

流產

▶這是什麼樣的問題？

目前已知是懷孕期間發生李斯特菌、沙門氏桿菌、綠膿桿菌等全身性的傳染病而導致胎兒死亡，有時胎兒也會因為其他與傳染病無關的因素而夭折。

死亡的胎兒原本會在子宮內被母體吸收，但這個過程如果不順利，可能會引發子宮內膜炎。

懷孕中的南美栗鼠，若食慾不振或變得無精打采，很有可能是流產。

▶治療法

若判斷死亡的胎兒長期殘留於母體之中，則必須盡快進行卵巢子宮摘除手術。

▶預防法

南美栗鼠懷孕後體重會增加，腹部愈來愈大。

一發現牠們懷孕，最好經常確認其食慾是否正常、體重是否有順利增加等。

嵌頓性包莖・Fur ring

▶這是什麼樣的問題？

　　雄鼠發育成熟後常會有毛纏住陰莖根部的問題，常見於會過度理毛或利用尿液做標記的個體，尤其發情期更常見。毛呈圓圈狀並壓迫陰莖，形成嵌頓性包莖而導致包皮無法包覆陰莖。症狀惡化會無法排尿，非常危險。還會引發龜頭包皮炎。

纏住的毛呈圓圈狀，因此又稱為Fur ring（毛戒指）。

包皮卡在毛上而無法包覆陰莖。

▶治療法

　　為了避免傷害到陰莖，治療時會使用潤滑油等來取下纏住的毛。此時會伴隨著疼痛而導致南美栗鼠暴走，必須根據情況施打鎮定劑。即便情況有所改善，有時仍會失去生殖能力。若引發感染症則須餵食抗生素。

▶預防法

　　定期確認陰莖上有無附著物，趁量少時去除，即可有效預防。被毛纏住的部位前端若變成紫紅色或是持續腫脹，最好盡速至動物醫院就診。

泌尿器官疾病

膀胱結石

▶這是什麼樣的問題？

　　為膀胱中結石的疾病，好發於雄鼠。南美栗鼠的膀胱結石幾乎都是碳酸鈣形成的。雄鼠的尿道又細又長，因此如果結石從膀胱進入尿道會非常危險。

　　排尿時會疼痛或有血尿的情況，即有結石的疑慮。

　　X光檢查可拍攝得一清二楚，使診斷變得較為容易。

　　此外，有些案例的結石並非發生於膀胱，而是在腎臟上形成草酸鈣結石，引發腎臟疾病。

▶治療法

　　南美栗鼠體內常見的碳酸鈣結石很難靠藥物等加以縮小，治療必須透過外科手術取出結石。若是尿道結石，手術後可能還會持續疼痛，只要

確實餵南美栗鼠吃消炎止痛劑或抗生素即可。

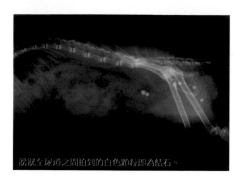
膀胱至尿道之間拍到的白色顆粒即為結石。

▶預防法

對於會因碳酸鈣造成膀胱結石的動物來說，提供少鈣飲食至關重要，不過南美栗鼠在食物中攝取到過多的鈣時，基本上都會經由糞便排出，從尿液排出的鈣濃度也不會超出某個範圍。由此可判斷，飲食並無太大的影響，目前尚無有效的預防法。

摘除的結石，大小約5mm左右。

皮膚疾病

南美栗鼠會因為各式各樣的原因罹患伴隨著掉毛與搔癢的皮膚疾病。由於牠們身處異於野生狀態的高溫多濕環境之中，很容易使皮膚與毛的狀況惡化。

要前往醫院時，無須將皮屑等清理乾淨或塗抹保濕乳液等，以便獸醫能夠診斷細部的皮膚狀態。

營養性疾病

▶這是什麼樣的問題？

不適當的食物，或是儲存於高溫多濕等不適當環境中的食物為致病原因。

可分為脂肪酸缺乏症、泛酸缺乏症與鋅缺乏症等類別，但要分辨其實並不容易。

脂肪酸缺乏症是指名為亞油酸或花生四烯酸的脂肪酸不足。會出現毛屑，造成毛的生長衰退、體表被毛消失與皮膚潰瘍等問題，有些重症案例還會死亡。脂肪酸會氧化，因此應避免將食物存放於高溫等環境之中。

泛酸是打造正常皮膚必備的維生素，缺乏時個體會斑狀掉毛或出現厚實的皮屑。在活力方面則是無食慾且日漸消瘦。缺乏鋅也會引起皮屑或掉毛。

另有其他營養性疾病，例如提供缺乏膽鹼、甲硫胺酸、維生素E的飲食等，會導致南美栗鼠的耳朵變黃。這是因為難以代謝植物中所含的色素，使黃褐色色素濃縮於皮膚與脂肪組織之中而造成色素沉澱。

一旦慢性化，腹部與陰部周圍的皮膚都會變黃，若演變至重症，全身皮膚都會變黃。有些案例還會伴隨著

皮膚腫脹與疼痛。

此外，若提供粗蛋白超過28％的飲食，毛會變得如波浪狀棉花般，因而稱爲棉毛症候群。提供的飲食中，粗蛋白最好介於15～18％之間。

▶治療法

不妨在南美栗鼠的飲食上多費點心，並重新審視保存食物的溫度、濕度是否恰當，以及避免陽光直射等。

皮癬菌病

▶這是什麼樣的問題？

最常見的南美栗鼠皮膚疾病，是由黴菌（皮癬菌）感染所引起的。通常是被一種名爲鬚髮癬菌（*Trichophyton mentagrophytes*）的白癬菌感染，也有傳染給人之虞。有時也會在無症狀的南美栗鼠身上檢驗出來，一般認爲，在年少時期、處於壓力環境之下或免疫力低下時，特別容易出現症狀。

主要在眼周、鼻、口、耳、腳可看到掉毛或毛屑，持續惡化則發炎情況會加重且發紅。

因爲和一起生活的南美栗鼠接觸或是打架受傷等，而發病的個體也不在少數。

▶治療法

使用抗真菌劑，以口服或塗抹軟膏來進行治療。飼育籠等最好仔細清洗並確實風乾。可以使用稀釋的漂白劑來消毒，但最好徹底洗乾淨以避免南美栗鼠舔了中毒。

可以看到由真菌感染所引起的掉毛與皮屑。

▶預防法

可能經由砂浴感染同居的南美栗鼠，因此如有個體患病，最好將鼠砂分開來使用。

細菌性皮膚炎

▶這是什麼樣的問題？

咬合不正造成過多唾液流出，下巴下方的皮膚變得不衛生，原本安居於皮膚的葡萄球菌有時便會引發皮膚炎（參照咬合不正）。重要的是治療咬合不正這個致病原因。

膿汁積聚而呈疙瘩狀者，即稱爲膿瘍。飼養多隻南美栗鼠時，若因打架等而造成咬傷，細菌就可能侵入並形成膿瘍。變得過大有時還會破裂，須到醫院清理乾淨並施打適當的抗生素。有些情況則須透過外科手術摘除整個疙瘩。

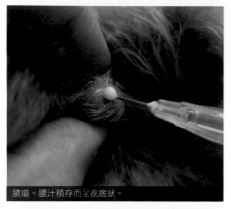
膿瘍。膿汁積存而呈疙瘩狀。

足底皮膚炎。腳掌已引起細菌性皮膚炎。

主要發生在肩胛骨附近、腹部側邊與手足上。也有不少案例是因為啃咬毛而導致毛變稀疏，所以仔細觀察會發現不是沒有毛，而是長出了大量的短毛。

一般認為，會咬毛的南美栗鼠大多會發生腎上腺、甲狀腺（參照甲狀腺機能亢進症）等器官功能異常。然而，目前尚未釐清是因為功能異常而咬毛，還是因為咬毛才引起功能異常，或許今後會逐漸查明。

被咬毛而使背部的毛變稀疏的個體。

咬毛

▶這是什麼樣的問題？

指啃咬毛導致毛變稀少。咬毛有時是自己咬的，有時是一起生活的南美栗鼠所咬。

原因尚不明確，不過剛接回家或與同居動物不合等，承受過度壓力的時候，南美栗鼠會自己咬自己的毛而引發掉毛症。剛接回來時，過多的接觸會造成壓力，所以最好避免。與同居動物距離太近而處於警戒狀態的話，不妨下點功夫改變空間配置。

▶治療法

原因尚不明朗，所以治療法也不明確。此外，如果有同居的南美栗鼠，可能也不無關連，因此使之分居或許也是一種方法。

外部寄生蟲

▶這是什麼樣的問題？

南美栗鼠身上的毛極為細密，所以一般認為很少會有外部寄生蟲（姬螯蟎或跳蚤）寄生，但有時還是會被貓狗

身上的跳蚤，或兔子身上的姬螯蟎等寄生。相較於其他皮膚問題，這種因寄生蟲感染造成的皮膚病大多會奇癢無比。

▶治療法

使用注射或滴在背部的驅蟲藥。

▶預防法

大部分都是被同居動物感染的，因此動物們的寄生蟲防禦措施必須做確實。

其他疾病

骨折

▶這是什麼樣的問題？

有時腳會卡在飼育籠底網上而骨折。南美栗鼠的骨折多為後腳脛骨骨折。

如果發現牠們只使用單腳，或是腳掌朝著不正常的方向等，即有骨折的疑慮，最好盡速送至動物醫院就診。

一旦骨折，斷裂處便會晃動而變得不穩定，如果就此動來動去，骨頭甚至會穿破皮膚。

此外，也可能因為疼痛而食慾盡失。如果無法立即就醫，不妨將飼育籠隔成小區域，來避免南美栗鼠四處移動。

很多時候牠們一被抱住就會暴走，傷勢可能因此惡化，最好極力避免抱起南美栗鼠自行確認等行為，應儘早送至動物醫院就診才是。

▶治療法

基本上要進行外科手術。趾頭細小的骨頭很難動手術，加上未骨折的趾骨會成為阻礙，有時必須以貼紮等方式來處理。

若為粉碎性骨折或骨頭穿破皮膚而引發細菌感染，有時必須截肢，因為留下折斷的腳會持續地疼痛，還有細菌從傷口入侵而引發敗血症死亡的危險性。

若是骨盆或脊柱骨折，則外科手術會難上加難。傷及脊髓會導致無法行走或無法自行排尿。雖可利用消炎止痛劑等抑制疼痛，卻很難治癒。

因為壓力等而啃咬自己的四肢，屬於自殘行為。

假如抓住南美栗鼠尾巴末端，有時會連皮膚一起扯下來。

中暑

▶這是什麼樣的問題？

南美栗鼠這種動物，是居住在溫度低且較為乾燥的地區，因此氣溫太高就會中暑。一般認為，氣溫高達28〜30℃以上較容易中暑，不過如果濕度高，即便溫度低於該範圍仍會引起中暑。

南美栗鼠一旦中暑，就會一直流口水或呼吸變淺變快，呈現發紺（皮膚或黏膜發紫）、舌頭變成紫色及身體發熱等症狀，有時還會引發帶血的腹瀉。體溫過高的狀態持續過久，會破壞內臟器官，即便透過治療得以暫時恢復，仍可能危及性命。一旦察覺到高燒，便使用保冷劑等冰敷頸部或大腿之間，同時留意避免過冷的溫度傷及皮膚，也可以稍微沾濕毛再吹點風使體溫下降，並儘早前往動物醫院就診。

▶治療法

進行預防休克治療或打點滴。

▶預防法

很多時候雖然已經確實開了空調，但飼育籠所在之處並未變得涼快。即便早晚涼爽，白天通常都很熱。最好在飼育籠設置溫度計等，並確實做好溫度管理。通風不佳會造成熱氣積聚，因此飼育籠的周遭不要擺放太多東西也很重要。此外，若夏季到動物醫院就診，有時也會因為外帶

提箱內的溫度升高而引發中暑。要去醫院時，最好利用保冷劑等恰到好處地為南美栗鼠降溫，並且在半路上定時確認提箱內的溫度。

甲狀腺機能亢進症

▶這是什麼樣的問題？

對南美栗鼠而言是罕見疾病，是喉嚨下方附近的甲狀腺所分泌的甲狀腺荷爾蒙量異常增加所引起的疾病。甲狀腺荷爾蒙原本只會固定分泌所需的量，是會影響代謝的荷爾蒙。

一般認為，會掉毛或咬毛的南美栗鼠很多都會發生甲狀腺功能異常，但關聯性尚不明確。

症狀為體重急遽下降、毛的色澤不佳、掉毛、唾液過多等。

▶治療法

服用抑制甲狀腺荷爾蒙的藥物，將甲狀腺荷爾蒙調整至適當濃度。若發現患有高血壓等，有時還要合併使用降血壓劑。

▶預防法

據研判，不適當的飲食也有關聯，因此最好確實提供南美栗鼠專用食品。

糖尿病

▶這是什麼樣的問題？

是一種血糖值上升的疾病。位於胰臟胰島的 β 細胞會產生名為胰島素的荷爾蒙，如果此功能無法正常運作

或未正常分泌，就會引起糖尿病。目前尚未掌握南美栗鼠的詳細病況。

可以觀察到患病的南美栗鼠飲水量增加、尿液變多等症狀，時間一久，還會出現食慾不振、嗜睡、體重減少等情形。可以試著擦掉快乾掉的尿液，如果有些黏稠，研判很可能就是糖尿。

罹患糖尿病的南美栗鼠一旦食慾不振，就會因為營養不良而產生大量酮體，陷入十分危險的狀態。

（糖尿病也有可能引發白內障，但關聯性尚不明確。）

▶治療法

尚無針對南美栗鼠的明確治療方法，若是胰島素分泌太少的糖尿病，可嘗試每天皮下注射胰島素來加以控制，但若過量有時會因低血糖而生病，因此必須定期測量血糖值來進行治療。此外，另有使用促進胰島素分泌的口服降血糖劑等治療法，但效果尚不明確。

▶預防法

建議提供高蛋白質、低脂肪而高纖維的飲食。避免種子類、玉米等高脂肪食物為宜。

腫瘤

▶這是什麼樣的問題？

所謂的腫瘤，是指特定細胞無秩序異常繁殖的疾病。腫瘤又分為不會轉移的「良性腫瘤」與會轉移的「惡性腫瘤」。

南美栗鼠的壽命長達20年，特色在於腫瘤病例比其他動物少。雖有乳腺癌、子宮平滑肌瘤、腰骨肉瘤、唾液腺癌、胃腺癌、淋巴瘤等多項病例，但都是單次性案例，並非南美栗鼠的普遍疾病。

症狀也會依腫瘤種類與形成位置而異。有日益消瘦或無精打采等症狀，但有些腫瘤則幾乎不會出現症狀。

▶治療法

基本上可以切除或摘除的腫瘤會考慮進行手術。若要使用抗癌藥，就必須針對腫瘤選用適合的藥物，但南美栗鼠的相關資訊有限，尚無明確的治療法。

▶預防法

無特定預防方法，但早期發現、腫瘤愈小則愈容易治療。在每天的肢體接觸當中，假如發現南美栗鼠身上有往常沒有的腫脹物時，最好去一趟動物醫院。

人畜共通傳染病（文：角田 滿）

何謂人畜共通傳染病？

　　人畜共通傳染病，是指定義爲「在自然狀況下，於人類與其他脊椎動物之間傳播的疾病或傳染病」，又稱爲「人畜共通病（zoonosis）」、「動物傳人傳染病」等的疾病。人畜共通傳染病的種類甚多，若不限動物物種，疾病數量多達200種。

　　病原體有病毒、細菌、眞菌、寄生蟲（原蟲、線蟲、條蟲、吸蟲等）、普里昂蛋白等。較著名的疾病則有狂犬病（病毒）、禽流感（病毒）、鸚鵡病（細菌）、狂牛症（普里昂蛋白）等，大家應該都有聽過吧？

　　這些傳染病中，也含括了在其他帶有病原體的動物體內雖未出現嚴重症狀，但是在人體引發感染後卻會致死的疾病。此外，還有所謂的機會性感染，即廣泛存在於各種生物體內的病原體，在人們免疫力下降時引發感染並引起症狀。所謂的傳染病，並非被病原體感染就一定會致病，許多傳染病皆可憑藉人的免疫力加以抑制。然而，傳染力強的病原體、已傳染的病原體數量多、人體免疫力低下等情況下，病原體就會在體內繁殖而引起症狀。即便過著重視衛生的生活，我們身邊仍然經常存在著可能成爲病原體的事物。日本是講究衛生的國家，因此很容易就忘記這件事。最好記得，我們人類也是大自然的一部分。

南美栗鼠的人畜共通傳染病

　　目前已知好幾種南美栗鼠的人畜共通傳染病。

　　這些傳染病很多存在於環境之中，也廣泛存在於人體當中。

　　其中之一，便是會造成掉毛的「皮癬菌病」。

　　觸摸染上皮癬菌病的南美栗鼠，就有可能被牠們感染。

　　和南美栗鼠一樣，人類在身體狀況不佳或患有造成免疫力低下的疾病時，很容易發病。在人體上會引起伴隨圓形發紅的掉毛或皮膚炎，最好盡快到皮膚科看診。

　　此外，疱疹病毒傳染病也成了許多日本人體內的病毒。據說7～8成的日本人體內，都有這種別稱爲「口唇疱疹」的病毒。口唇疱疹會在嘴唇四周形成紅色水泡，造成發癢或疼痛，大多會在疲累或壓力累積時出現症狀。目前已知在南美栗鼠身上會造成發作性神經異常症狀或結膜炎。雖然有治療法可以緩解人體的症狀，卻無法將病毒排出體外。

　　另外還有「耶爾森氏菌病」和「綠膿桿菌」等列爲「傳染病」項目的疾病、列爲呼吸器官傳染病的「肺炎桿菌」，以及列爲消化器官疾病的「梨形鞭毛蟲病」等，可能感染的疾病有很多種。

如何預防共通傳染病？

我們很容易因為南美栗鼠的可愛表情與動作，而對牠們採取較為親密的相處方式。

可是南美栗鼠並非布偶，如果帶有傳染病，病原體會依南美栗鼠的身體狀況而增加，或許會對人類造成感染也說不定。

話雖如此，只要遵守「基本的動物相處方式」，很少會被感染。所謂基本的動物相處方式，是指只要觸摸就務必洗手、絕對不做嘴對嘴之類的接觸等。近年來在SNS上的照片等處，經常看到飼主為了搏得人氣而採取「超過界線的相處方式」，最好多留意「恰到好處的相處方式」為何。

有引發感染的危險性而應該格外留意的是鼻水、眼屎與排泄物。

若觀察到南美栗鼠有鼻水、眼屎等感冒症狀，最好避免將自己的臉靠近南美栗鼠的臉。

也許牠們有時也會靠過來撒嬌，所以還是儘早帶牠們去一趟動物醫院比較好。

此外，發生軟便等情況下，很可能是病原體正在繁殖，所以仔細清洗飼育籠等用品十分重要，不過粉塵仍會經由水花等，在不知不覺間進入嘴裡，不妨戴上口罩等來保護自己。

如果被咬了，最好也用水仔細清洗患部並消毒。若因雜菌造成腫脹，有時會自然痊癒，但如果遲遲未癒則最好

去一趟醫院。

想當然耳，南美栗鼠無法自己去醫院。倘若身為飼主的人因感染了疾病而使健康出狀況，那麼該由誰帶寶貝龍貓去看醫生呢？最好先徹底了解人畜共通傳染病，以恰到好處的相處方式來照顧南美栗鼠。

此外，飼主自己也有可能成為把病傳染給南美栗鼠的那一方。身體狀況不佳時，為了南美栗鼠著想，最好避免親密接觸。

南美栗鼠與防災

災害發生時何處逃!? 該帶哪些東西?

如今,日本的狀況可說是何處會發生災害都不足為奇。原本災害甚少的地區發生了巨大災害,或是遭捲入意外事故之中,這類案例日益增加。和動物一起生活的人,大多都會比自己原本想像的還要恐慌。此外,如果只有飼主在某處遭受災禍的話,該由誰幫忙把南美栗鼠帶出來,或是由誰代為照顧,這些也都要事先考慮清楚。南美栗鼠飼育籠的四周都要盡量整理整頓,以便任何人都能掌握什麼東西放在哪裡。

儘管如此,面臨災害避難之際,會需要一些平日不需要的用品。為了避免必須到自家外頭避難的時候慌亂而不知所措,應該事先整理一套「避難用品」,備好最少1週左右的必備用品。

同行避難與伴隨避難

日本環境省目前已推行了「同行避難」政策,飼養動物的人都曾為此感到欣喜,認為「這麼一來就能和動物一起安全地避難了!」。然而,這只意味著人不需拋下動物自行避難,並不代表動物可以進入避難場所。推行同行避難的理由不光只是為了守護動物,還包括其他因素,比如拯救被留下的動物必須耗費更多時間與勞力,還要避免避難期間遭棄置的動物淪為流浪動物而危害人類或破壞環境等。因此,若非允許「伴隨避難」(可和寵物一起在避難所內避難)的場所,要在避難之際仍和寵物一起生活並非易事。

為防災做好準備

☐ 飼育籠周圍的整理整頓
☐ 避難用品的準備 (參照P.167)
☐ 與家人討論避難辦法與聯絡方式
☐ 事先調查避難機構是否收容動物
☐ 預想幾個避難模式,並進行避難訓練
☐ 食物存量為1個月份
☐ 養成在外面也能進食的習慣
☐ 與南美栗鼠建立信賴關係

不妨事先決定好
如何避難

事實上，不受管教的動物叫聲、未能預防的跳蚤或蟎蟲等，會對周遭人造成傷害，還有動物氣味所引發的糾紛也源源不斷。生病的人或和新生兒一起避難的人，對動物的存在較為敏感，免不了會有無法接納動物的情況。所以必須事先和家人一起討論，當面臨無法待在自己家裡的情況時，該採取什麼樣的避難措施。

和小動物一起生活的人，有些是將寵物直接帶入避難所，有些會住在車上，有些則是到遠離災區的親戚或朋友家避難，或者在受害嚴重的災區，也有人只把動物託給遠方親友照顧。

根據災害程度與地區不同，所採取的應對之策也會不一樣。首要之務是先調查自己預計要避難的避難所或該地區的動物醫院，針對災害發生時的動物收容有什麼程度的規劃。

儘管如此，面臨突發災害時，狀況仍會有變，因此建議預演多種避難模式，並進行避難訓練。

與南美栗鼠一起避難
所需的飼育用品

飼主都會希望盡量使用新鮮的牧草和南美栗鼠飼料，再加上南美栗鼠的特色是食量比兔子或天竺鼠少得多，因此大多不會囤貨。然而，也因此食物常常沒多久就見底了，可能會面臨糧食短缺的狀況。而商品停止流通的期間長短也會因災害程度而異，為了能夠立即拿出約1週的分量應急，務必在家預備1個月左右的存量。

此外，有些南美栗鼠會因為壓力而完全不進食，為此，盡量事先多了解幾樣南美栗鼠最喜歡的食物，並讓牠們養成在外出時用餐的習慣，這些也很重要。

固態牧草無論在什麼地方都方便供應且最適合長期保存。此外，人類的支援物資很多時候假如水發完了就改分配茶，為了因應停水的狀況，比起人類所需，優先儲備南美栗鼠專用水更為重要。南美栗鼠一旦脫水，身體就會變得虛弱，如果排不出尿，即無法將老廢物質排出體外而使健康亮起紅燈。請務必事先備好水、牧草與南美栗鼠喜歡的東西。

另外，考慮到會長時間住在外帶提箱中，建議選用有加裝飲水器、排泄物會掉到下方的手提飼育籠款式，稍微暴走也無法逃脫的堅固產品較為理想。災害發生時幾乎無法以乾淨的水洗東

西，不僅排泄物弄髒提箱無法清洗，也不能放出南美栗鼠進行掃除等。因此，如果是非底網的款式且什麼都沒鋪，在這樣的環境下生活，衛生堪慮。不妨先準備可以照顧南美栗鼠又能防止其逃脫的提箱，以及相關的應對做法。

如果帶進避難所、住在車上或是友人家中，緊張兮兮的南美栗鼠一旦掙脫就會陷入恐慌，有時逃走後便抓不回來了，最好先在提箱上別上寫有聯絡方式的大名牌。

此外，災害發生時，很可能電話或電子郵件都連不上，而無法與家人取得聯繫。或許也有必要先準備防災布告欄或家人留言板等。

然而，Twitter與gmail屬於海外服務，災害發生時似乎比較容易連得上線。

災害發生時，唯獨飼主能夠守護心愛的南美栗鼠。如果飼主放棄了，牠們便無人可依靠。是「我要守護這個孩子」的這份心情守護了自己——在飼主間也不乏這樣的心聲。

還有，也希望大家事先與南美栗鼠建立好「有媽媽（爸爸）在不用怕」的信賴關係。

務必事先備好的避難用品

【飼育用品】
● 外帶提箱、提箱外罩、飲水器、食物盆
● 寵物尿墊或吸尿用軟墊
● 濕紙巾、除臭劑與除菌劑
● 懷爐、電池式風扇、名牌

【食物】
● 水、牧草、固態牧草、南美栗鼠食品
● 野草或香草等香氣馥郁的補充食品、南美栗鼠喜歡的食物

【抗病期間】
● 服用中的藥物、照護用品
　※若陷入絕食狀態則必須強制餵食。
● 電解質液、流質食物、注射器

自家防災備忘錄

【廣域避難場所】

【最近的避難所】

【Memo】
（緊急聯絡方式、避難路線、避難時的任務等）

南美栗鼠與法律

希望在你的守護下迎接那一天的到來。

鮮為人知的日本動物法律「動物愛護管理法」

日本歷史最悠久的動物相關法律應該是「動物愛護管理相關法律」，俗稱「動物愛護管理法」。

日本人大約從繩紋時代開始，便留有與動物一起生活的痕跡，到了大和時代則透過法律設置鳥或狗的職務編制。

累積人與動物共存的漫長歷史以後，完成的法律便是1973年制定的「動物愛護管理相關法律」。

這項法律有「重視動物的性命（愛護）」與「避免自己飼養的動物對他人造成困擾（管理）」兩大目的。

制定之初的名稱為「動物保護管理相關法律」。1999年12月才把「保護」改名為「愛護」，此命名中含有動物不光要守護，還要愛護的意思。適用對象不僅限於伴侶動物（companion animal），而是「所有和人類有關的動物，如家庭動物、展示動物、產業動物（畜產動物）和實驗動物等」。

這項法律分別於1999年、2005年、2012年被修改（日後生效），今後還預計以5年為單位進行內容的修正與新增。

隨著時代的推移，動物販售者對於「重視動物的性命」與「不造成他人困擾」的做法對社會造成了莫大的影響。因此需要一份針對動物販售者的細部規範，而且每次修正都要提出問題點，也加入了多項針對動物販售者的法律。

2005年的修正首次選任動物販售者為動物經辦負責人，並且規定他們必須具備一定資格，經過程序登錄為動物經辦業者。不僅如此，針對惡質業者還可採取拒絕登錄與更新、取消登錄及業務停止等對策。

此外，在登錄動物經辦業者方面，還規定必須公布寫有名稱與登錄號碼的標誌。

而後在2012年的修正中，進一步強化了針對動物販售者與動物飼育者雙方的罰則。

至於飼育者方面，加強倡導「終生飼養」──在符合該動物的適當環境中飼養，一旦將動物帶回家就必須負起責任飼養到最後。

日本環境省有分發「動物經辦業者版」與「一般飼主版」的動物愛護管理法相關手冊，希望與動物一起生活的人務必閱覽。

守護野生動植物的
世界通用法律「華盛頓公約」

全世界有大量野生動物與植物已絕種或瀕臨絕種，如今，每個人都對此有所感覺了吧？

為了避免使這些動物消失更多、克服絕種的危機、守護這類野生動植物，應運而生的法律便是「瀕臨絕種野

動物愛護管理法（罰則案例）

● 殺傷動物：2年以下徒刑或200
　萬日圓以下罰鍰

● 虐待或遺棄動物：100萬日圓以
　下罰鍰

● 無許可飼養特定動物：6個月以
　下徒刑或100萬日圓以下罰鍰

● 無登錄動物經辦業者而營業：
　100萬日圓以下罰鍰

手冊「動物愛護管理法修正版
＜動物經辦業者篇＞」

http://www.env.go.jp/nature/dobutsu/
aigo/2_data/pamph/h2508a.html

手冊「動物愛護管理法修正版
＜一般飼主篇＞」

http://www.env.go.jp/nature/dobutsu/
aigo/2_data/pamph/h2508b.html

生動植物國際貿易公約」，俗稱「華盛頓公約」。

此法的內容是為了防止野生動植物因為國際貿易而被過度利用，透過國際間的合作來保護物種。

1973年3月於華盛頓哥倫比亞特區通過，自1975年7月起生效。日本也於1980年締約。（截至2016年3月，共181個締約國）

按照瀕臨絕種的程度編製附錄，目的在於執行國際貿易之限制，也就是「禁止捕獵」或「禁止購買」之類的規定。該附錄中，分別列管著符合列管程度的動植物物種，即所謂的CITES I、CITES II、CITES III。這是取「瀕臨絕種野生動植物國際貿易公約」的英文「Convention on International Trade in Endangered Species of Wild Fauna and Flora」字首簡化而成的縮寫。在日本以「華盛頓公約」聞名，但實際上還有好幾個條約亦稱為「華盛頓公約」，在世界上不太通用。國外一般都稱為「CITES」。

南美栗鼠被列入瀕臨絕種危機最嚴重的分類附錄I（CITES I）之中，因此野生南美栗鼠別說是捕獵了，連無關生死的進出口原則上都是禁止的。然而，在國外或國內繁殖的南美栗鼠，則允許飼養。（關於國外醫齒目的進口，請參照P.172「傳染病預防及傳染病患者之醫療相關法律」之規範）

附錄I：瀕臨絕種的物種，已受到或會受到貿易影響的物種。原則上禁止商業貿易（判斷非商業目的的包括個人使用、學術目的、教育與研修、飼育繁殖事業，已列舉於決議5.10中）。交易之際必須取得進口國及出口國的科學行政機構背書，證明「該交易不會威脅到物種之存續」，還必須取得出口國的出口許可證與進口國的進口許可證（條約第3條）。約列管了980個物種。

附錄II：雖然沒有立即性的絕種危機，但如果不嚴格規範其標本交易，恐有瀕臨絕種之虞的物種，以及為了有效取締這類物種標本之交易而必須規範的物種。取得出口國的許可即可進行商業交易。交易之際必須取得出口國的科學行政機構背書，證明「該交易不會威脅到物種之存續」，還必須取得出口國的出口許可證（同第4條）。總共大約列管了34,400個物種。

附錄III：任何一個締約國認為必須在自己國家管轄範圍內執行為防止或限制捕獵與採集之規定，且為了取締交易還需要其他締約國之合作的物種。交易附錄III所列管的物種時，只要是要從列管該物種的締約國出口，就必須取得該國的出口許可證（同第5條）。約列管了160個物種（截至2016年6月）。

何謂國際自然保護聯盟瀕危物種紅色名錄？

新聞或動物相關資訊中，經常出現「國際自然保護聯盟瀕危物種紅色名錄」這個名詞。為瀕臨絕種物種相關詞彙，也愈來愈為人所知，但是和華盛頓公約的附錄有何差別呢？

所謂的「國際自然保護聯盟瀕危物種紅色名錄」，是指「國際自然保護聯盟」（International Union for Conservation of Nature and Natural Resources ＝IUCN）針對瀕臨絕種的野生動植物彙整而成的清單。IUCN是在全世界的合作下設立於1848年，由國家、政府機構與非政府機構所構成的國際自然保護網絡。IUCN雖非聯合國機構，卻可說是全世界最大的自然保護相關網絡。最初的名錄發表於1966年。由於名冊封面為紅色而有「紅色名錄」之稱。以日本國內團體之間的聯絡、協議為目的而於1980年設立了「IUCN日本委員會」。2001年在IUCN理事會上獲承認為正式的國內委員會。

換言之，「瀕臨絕種野生動植物國際貿易公約」（華盛頓公約）是規範國際貿易的法律，擁有國際性法律約束力。另一方面，IUCN的「國際自然保護聯盟瀕危物種紅色名錄」則非國際性法律，而是以科學角度分析大自然並下判斷的客觀性名錄。

南美栗鼠被列入國際自然保護聯

國際自然保護聯盟瀕危物種紅色名錄中所用的歸類		
EX	Extinct	滅絕
EW	Extinct in the Wild	野外滅絕
CR	Critically Endangered	極危
EN	Endangered	瀕危
VU	Vulnerable	易危
LR/cd	Lower Risk/conservation dependent	低危／依賴保護
NT	Near Threatened(includes LR/nt-Lower Risk/near threatened)	近危 ／含低危在內
DD	Data Deficient	數據缺乏
LC	Least Concern(includes LR/lc-Lower Risk, least concern)	無危／含低危在內

盟瀕危物種紅色名錄中的「VU（易危類）」。

此外，日本國內與都道府縣單位也編制了「紅色名錄」。

CITES的日本版「瀕臨絕種野生動植物物種保存相關法律」

相對於「瀕臨絕種野生動植物國際貿易公約」（華盛頓公約），日本於1992年制定了「瀕臨絕種野生動植物物種保存相關法律」，俗稱「物種保存法」，訂定了保護日本「國內稀有野生動植物物種」與「國際稀有野生動植物物種」所需的規定。主要目的在於保護國際與日本國內稀有野生動植物物種之個體、保護日本國內稀有野生動植物物種之棲息地與繁殖。國際稀有野生動植物物種是指CITES附錄I中列管的物種，或是兩國之間的候鳥等保護條約與協定中列管的物種。

南美栗鼠為CITES附錄I中列管的物種，所以當然也受到限制。

「傳染病預防及傳染病患者之醫療相關法律」（傳染病法）中受進口管制的南美栗鼠（齧齒目）

野生南美栗鼠在法律上是禁止進口的，不過在10幾年前，從國外進口繁殖的南美栗鼠在進口上比較順暢無礙，後來因為「傳染病預防及傳染病患者之醫療相關法律」（傳染病法），包含南美栗鼠在內的大量動物都受到大幅限制。應該也有人會疑惑：「人類的傳染病法為何和動物的進口有關聯？」其實是因為有許多重大傳染病都是經由動物感染的。根據這項傳染病法，猿猴（身上很可能帶有很容易感染人類的細菌）的進口檢疫自不待言，狂犬病預防法中的貓狗等進口檢疫、基於家畜傳染病預防法的家畜與家禽進口檢疫，從以前就持續實施著。然而，對法律適用對象以外的動物，則無任何規範。在這樣的情況下，2002年發生了從美國將疑似感染兔熱病的土撥鼠進口至日本的案例，2003年則是進口了疑似感染猴痘的非洲產野生齧齒類。有鑒於此，為了降低這些進口動物的相關風險，於2003年

10月修訂了「傳染病預防及傳染病患者之醫療相關法律」，俗稱「傳染病法」。設立了進口通報制度，只要是有可能會把人畜共通傳染病帶入日本的動物，都必須檢附出口國政府機構核發的衛生證明書，自2005年9月1日起開始實施。進口時，須向日本厚生勞動省檢疫所呈報，確認是否為在出口國受到適當衛生管理的動物，目的在於努力防止傳染病入侵，同時確保日本國內在發生進口動物造成傳染病之際，得以進行追蹤調查。

此外，還推出了以下的導覽：

2005年9月1日起，若要將「活體囓齒目、兔形目、其他陸生哺乳類」、「活體鳥類」以及「囓齒目、兔形目的動物屍體」（註）進口至日本，必須辦理一些程序。（不僅限於販售或展示用而進口的動物，個人寵物等也是適用對象。）
註：已經過檢疫的動物或禁止進口的動物，則從此制度的適用對象中排除。
擷取自日本厚生勞動省官方網站「關於動物進口呈報制度」
http://www.mhlw.go.jp/bunya/kenkou/kekkaku-kansenshou12/02.html

這裡針對南美栗鼠（囓齒目）做詳細說明。

進口屬於囓齒目的動物時，必備、記載於衛生證明書中的證明內容如下所示。

適用的傳染病
鼠疫、狂犬病、猴痘、腎症候性出血熱、漢他病毒肺症候群、兔熱病及鉤端螺旋體病。
証明事項
1 出口時並未出現狂犬病的臨床症狀。
2 過去12個月期間，自出生以來都保管於未發生上述規定傳染病的管理機構（必須符合日本厚生勞動大臣所制訂的基準，且僅限於出口國政府機關所指定的機構）中。

這意味著要事先達成出口國所制訂的規範，讓南美栗鼠在出口國核可且符合日本制訂規範的繁殖場裡出生、長大，直到出口前都必須在該處度過，否則不能進口至日本。

日本厚生勞動大臣所制訂的囓齒目動物保管機構之基準
1. 必須有能防止外部動物入侵的必備結構。
2. 必須定期進行消毒等衛生管理。
3. 過去12個月期間，該機構中的人與動物皆未出現鼠疫、狂犬病、猴痘、腎症候性出血熱、漢他病毒肺症候群、兔熱病及鉤端螺旋

體病的臨床症狀，並於該設施內採取必要措施以避免這些疾病發生的可能性。

4. 備好動物衛生管理及飼養管理（包含從該機構外導入動物、繁殖、死亡、出貨等相關資訊）的相關記錄簿。

5. 事先將機構名稱及地址呈報給日本厚生勞動省。

若未全部符合這些條件，就不能進口南美栗鼠。

因此，只要遷移至國外一次的南美栗鼠，就不能再回到日本。

在國外飼養的南美栗鼠，也不能帶回日本。

如果呈報事項不完善或不適當，而未能取得呈報受理證，就會遭送回出口國或第三國並在安樂死後進行火化等處理。一般規定這種時候必須自行安排或委託第三者機構來執行這些作業，以確保適當的處置。無論如何，這些安排與費用負擔等都要由呈報者承擔。

此外，若未呈報檢疫所而違法將應呈報的動物攜入日本，或是試圖偽報通關等，將處50萬日圓以下罰鍰。

來自國外的洽詢多不勝數，據說也有過因為無法達成條件而向動物檢疫所交涉的案例，但至今不曾有案例得到准許。日本法律管理十分嚴格，因此個人在進口或遷移南美栗鼠時，必須格外慎重。

搬家或許會是一件痛苦的抉擇。南美栗鼠是長壽可能性極高的動物，如果必須暫時到國外工作幾個月或幾年（確定會回到日本），不要考慮把南美栗鼠帶去，最好找人在這段期間代為收留，之後要一起生活的可能性比較高。此外，若要在國外飼養寵物（很可能會回日本），也必須做出抉擇：選擇可以一起帶回日本的動物，或是不要養。總之，南美栗鼠是可以長久陪伴人類的動物，預計要飼養的人，無論年輕與否，最好都先擬好一定程度的人生規劃，確實考慮清楚是否能和南美栗鼠相伴一生後，再迎接南美栗鼠回家。

　　南美栗鼠的市場，在近幾年有了巨大的變化，感覺上連醫療都有急遽的進化。所以負責監修的田園調布動物醫院田向院長及角田副院長在製作資料上應該非常困難。真的非常感謝他們為南美栗鼠盡心盡力。

　　此外，爽快協助我多次訪問與攝影的「寵物店・Marine」乾社長與夫人、「SBS corporation」的丹羽社長、企劃這本飼育書之前就是好夥伴且經常協助我的「魚家族」的中尾店長、「小動物專賣店・Andy」的安東店長，還有覺得快撐不下去的時候不斷鼓勵我的「相關鳥獸店」的相關周一先生，真的很謝謝你們。我由衷期望所有專賣店都生意興隆。

　　我還要感謝由衷為「全日本的南美栗鼠都能幸福」持續推廣正確觀念的「南美栗鼠執行委員會」義工人員、「南美栗鼠飼育研究會」的義工人員、「Royal chinchilla」裡裡外外的工作人員，還有我無可取代的家人們。

　　自從決定要到美國學習南美栗鼠的相關知識後，最初為我指點迷津的Kathy，之後一直支持我的Brenda，告訴我英國實況的Paul，分享瑞士等北歐實況給我的Saverine，一邊解說中國、香港、台灣實況並為我導覽的Alan、Mandy、Ada與明，提供德國、荷蘭、泰國等世界市場狀況給我的Minoru Shigeno，總是把南美栗鼠的美姿、展示會的美好、育種的困難與嚴苛展現在我眼前的Jim & Amanda Ritterspach，還有鉅細靡遺指導我了解南美栗鼠的Laurie Schmelzle，大家都想為南美栗鼠盡一份心而協助我，I can't thank you enough.

　　此外，對於身為忙碌的研究者卻爽快協助我採訪野生南美栗鼠相關事宜的Amy，我充滿感謝與尊敬。I have a great respect for your activities.

　　最後，我想跟各地的飼主說一聲謝謝，每天跟我說著心愛龍貓們的大小事。你們對龍貓的感情肯定能夠幫到某個人心愛的龍貓。

　　願全世界的龍貓們都能幸福……。

鈴木理惠

【參考文獻】
■《我家動物完全指南 南美栗鼠》（暫譯）總監修：Richard C. Goris（studio.S）
■《The Chinchilla》著：Richard C. Goris（誠文堂新光社）
■《異國動物彩色圖鑑 哺乳類篇》（暫譯）著：霍野晉吉、橫須賀誠（綠書房）
■《南美栗鼠的疾病》（暫譯）『VEC』No.14（INTERZOO）　■《醫齒類的臨床》（暫譯）著：齊藤久美子（INTERZOO）
■ TALKS ABOUT CHINCHILLA(Alice Kline)　■ Rancher's Handbook（Empress Chinchilla）
■ ECBC magazine 2009-2016（Empress Chinchilla）　■ MCBA News 2009-2016（Mutation Chinchilla Breeders Association）
■ NCS gazette 2009-2016（National Chinchilla Society）　■ Chinchilla Community magazine 2005-2010(The Chinchilla Club)等

國家圖書館出版品預行編目資料

南美栗鼠完全飼養手冊：從飼養管理到互動巧思一本
搞定！／鈴木理惠著；童小芳譯. -- 初版. -- 臺北
市：臺灣東販，2020.06
　176面；14.8×21公分
　譯自：チンチラ完全飼育：飼育管理の基本からコ
ミュニケーションの工夫まで
　ISBN 978-986-511-362-9（平裝）

1.醫齒目 2.寵物飼養

389.6　　　　　　　　　　　　　　　　109005804

南美栗鼠完全飼養手冊
從飼養管理到互動巧思一本搞定！

2020年 6 月 1 日初版第一刷發行
2024年 5 月15日初版第五刷發行

作　　者　鈴木理惠
監 修 者　田向健一
攝　　影　井川俊彥
譯　　者　童小芳
編　　輯　陳映潔
發 行 人　若森稔雄
發 行 所　台灣東販股份有限公司
　　　　　＜地址＞台北市南京東路4段130號2F-1
　　　　　＜電話＞(02)2577-8878
　　　　　＜傳真＞(02)2577-8896
　　　　　＜網址＞www.tohan.com.tw
郵撥帳號　1405049-4
法律顧問　蕭雄淋律師
總 經 銷　聯合發行股份有限公司
　　　　　＜電話＞(02)2917-8022

禁止翻印轉載。本書刊載之內容（內文、照片、設
計、圖表等）僅限個人使用，未經作者許可，不得擅
自轉作他用或用於商業用途。

TOHAN

本書如有缺頁或裝訂錯誤，
請寄回更換（海外地區除外）。
Printed in Taiwan.

■作者　鈴木理惠

生於東京。早稻田大學畢業。1級愛玩動物飼養
管理士。曾活躍於出版、教育、社福、諮商等領
域，現主要關注動物領域。目前正在研究以南美
栗鼠為首的各種小動物之正確飼養方法。擔任
「RCK Lab」所長。南美栗鼠專賣店「Royal
Chinchilla」的管理者。主要著作、監修作品有
《うさぎの時間》、《子うさぎの時間》、《う
さぎの飼育觀察レポート》、《うさぎの心理が
わかる本》（共同著作）（以上皆為日本 誠文堂
新光社出版），《ふわっとチンチラ》（日本 河
出書房新社出版）等等。

■醫療報導執筆　角田 滿

田園調布動物醫院副院長。2010年東京農工大
學農學部獸醫學科畢業後，就一直在田園調布動
物醫院工作。負責編輯、執筆等著作還有《モル
モット完全飼育》（日本 誠文堂新光社出版）。

■醫學監修　田向健一

田園調布動物醫院院長。麻布大學獸醫學科畢
業。獸醫學博士。本身也飼養著許多動物，將其
經驗運用於貓、狗、兔子、南美栗鼠、爬蟲類等
診療對象，針對特別寵物尤其投注心力。除了一
般書籍，尚著有眾多專門書籍、論文等，近期著
作有《生き物と向き合う仕事》（日本 筑摩書房
出版）。

■攝影　井川俊彥

生於東京。自東京攝影專門學校報導攝影科畢業
後，擔任自由攝影師。1級愛玩動物飼養管理
士。拍攝貓、狗、兔子、倉鼠、小鳥等陪伴動
物，至今已逾25年。曾為眾多出版書籍擔綱攝影
工作，包括《新・ウサギの品種大図鑑》、
《ザ・リス》、《ザ・ネズミ》（日本 誠文堂新
光社出版）、《図鑑 NEO どうぶつ・ペットシ
ール》（日本 小學館出版）等書。

Staff
■編輯協助　大野瑞繪、前迫明子

■製作　　　Imperfect（竹口太朗、平田美咲）

■攝影協助　SBS Corporation
　　　　　　Marin
　　　　　　Royal Chinchilla
　　　　　　有限會社 Media
　　　　　　JK

■照片提供　Yeaster株式會社
　　　　　　株式會社 川井
　　　　　　Guinness World Records Japan株式會社
　　　　　　Save the Wild Chinchillas
　　　　　　株式會社 三晃商會
　　　　　　Chinchillas.com

■Special Thanks
　　　　　　Chinchillas.com